AF302809

II

Gerhard Pahl

Rudis
verrückte
Brauerei

Bibliografische Information der Deutschen Nationalbibliothek:
Die Deutsche Nationalbibliothek verzeichnet diese Publikation in der Deutschen
Nationalbibliografie; detaillierte bibliografische Daten sind im Internet über
http://dnb.dnb.de abrufbar.
© 2022 Gerhard Pahl
Herstellung und Verlag: BoD – Books on Demand, Norderstedt

ISBN: 978-3756-8335-04

Die jetzige Zeit

verlangt von uns eine andere Geisteshaltung – ja, veränderte Lebensformen. Klimaforscher mahnen zu einer nachhaltigen Anpassung des Lebensstils. „Nachhaltigkeit" ist jetzt *das* Modewort. Nun geht's verstärkt darum, Ressourcen zu schonen. Veränderte Bedingungen werden wohl auch auf Brauerei-Betriebe zukommen. Die Emissionen sind längst schon in den Fokus gerückt, zum Beispiel Abwasser, aber insbesondere CO_2. Womöglich werden bald noch Sondersteuern darauf erhoben? Da wird nichts Anderes übrigbleiben, als sich auf den Zeitgeist einzustellen, sonst könnte der Betrieb bald unrentabel werden. Also müssen brautechnische Anlagen angepasst, Geräte etwas verrückt werden. Es ist verfehlt, Verbesserungen für die Umwelt und für das Klima nur dahingehend zu bewerten, ob sie auch finanzielle Vorteile bringen. Entweder man macht was dafür – oder…
Dafür hat Rudi einige Ideen parat. Rudi ist Anlagenbauer. Möglicherweise kommt er Ihnen bekannt vor? Manchmal hätte er einen Anlagenbereich lieber anders gebaut. Doch sein Vorschlag wurde aus Kostengründen nicht umgesetzt. Und wie so oft wurde ein Kompromiss gemacht. Der wurde auf lange Sicht zwar teurer, nur eben nicht sofort spürbar. Oft ist man sich auch gar nicht darüber bewusst, dass für einen immer schon so und nie anders gehandhabten Ablauf andere Möglichkeiten ignoriert wurden. Freilich ist Niemand vor derlei Fehlbarkeit gefeit. Aber solch übersehene Möglichkeiten werden dann eben nicht mehr wahrgenommen. Auch deshalb, weil man die Handhabung mit der vorhandenen Ausrüstung nun so gewohnt ist. Ja, das kommt eben daher, weil die Ausrüstung so ist, wie sie ist. Übersehene Möglichkeiten wirken sich aber aus. Sie führen irgendwann zu einem Problem oder gleich zu mehreren. Und Technik, die „ungefähr" funktioniert, kostet auch eine ungefähre Summe…
Indessen ist ein Verfahrensablauf sowohl von der Mechanik, als auch von der Steuerung abhängig. Die Steuerung darf nicht losgelöst von der Mechanik betrachtet werden; die Beiden sollen gemeinsame Sache machen. Die Steuerung kann dabei die Gesetze der Mechanik weder beeinflussen, noch außer Kraft setzen. Diese „Regel" muss anerkannt werden, wie auch die Tatsache, dass die Beseitigung einer einzigen mechanischen Fehlfunktion womöglich gleich mehrere Probleme erledigt. Das weiß Rudi, er hat es gelernt. Und deswegen hat er einige übersehene Möglichkeiten beschrieben und skizziert. Manches von Rudis Ideen (IP – beachte Seite 113), mag spleenig anmuten oder witzig, vielleicht wirkt es gerade deshalb inspirierend – auf Sie. Aber lassen Sie sich doch einfach darauf ein. Lesen Sie die folgenden Kapitel, dann werden Sie schon sehen und vielleicht sagen Sie dann:
„In Rudis Brauerei wird zwar vieles verrückt, aber verrückt ist das nicht."

Inhaltsverzeichnis

Ressourcen und Umwelt

I. Wasser ist kostbar … 9

II. Gärungskohlensäure ist ein unvermeidlicher Wertstoff … 13

III. Wie kommt die Kohlensäure aus dem Gärtank … 17

Energie-Ausnutzung

IV. Wasserdampf, der sonderbare Geselle … 22

V. Eiswasser, das ungiftige Kältemittel … 34

VI. Die nutzbare Wärmeenergie aus dem Würzekühler … 39

Schwandminderung und Qualitätsverbesserung

VII. Verlorenes Bier ist doppelter Verlust … 45

VIII. Geht's der Hefe gut, wird's Bier gut … 52

IX. Hefen sind Lebewesen … 56

Technik und Sauberkeit

X. In Süddeutschland ist Weizenbier beliebt … 60

XI. Zur Sauberkeit gibt's keine Alternative … 66

XII. Die Reinigung ist maschinell … 75

Haltbarmachung und Abhängigkeiten

XIII. Die KZE ist eine spannende Geschichte … 80

XIV. KZE und KZE-Puffertank spielen im Takt des Füllers … 87

XV. Der KZE-Puffertank ist ein spezieller Ducktank … 94

Gefahren und Störungen

XVI. Absperrbare und verwechselbare Sicherheitsventile … 102

XVII. Die Luft verursacht Störungen … 108

Ressourcen und Umwelt

I. Wasser ist kostbar

Diese Erkenntnis ist schon so alt, dass sie zum Spruch wurde.
Und der wird heutzutage wirklich ernst genommen, auch von Brauerinnen und Brauern, gleichwohl Brauereien viel Wasser brauchen, insbesondere im Sudhaus. Aber nicht nur fürs Produkt selbst, sondern auch zum Ausspülen von Behältern, zum Ausschieben von Würze, Hefe, Bier sowie Reinigungslösungen aus Rohrleitungen und Apparaten. Diese Ausspülwässer sind leider verloren. Und trotzdem können sie nicht eingespart werden…
Von welchen Verbrauchsmengen reden wir da?
Darüber schreibt eine größere süddeutsche Brauerei in ihrer Brauerei-Zeitung:
„Für jeden Liter Bier sind in Summe 3,5 Liter Wasser erforderlich – vom Brauwasser bis hin zum Wasser fürs Reinigen der Brauereigeräte, Flaschen und Fässer."

Also, besonders aufregend empfindet man diese Erklärung nicht gerade, darüber könnte man fast hinweglesen. Aber vielleicht hat man bei dieser Erklärung die „echten Wasser-Verluste" noch gar nicht berücksichtigt. Haben Sie sich nicht schon mal Gedanken darüber gemacht, wie Wasser transportiert wird? Oder auch darüber, dass die Rohrleitungen „ein Wenig" überdimensioniert sein könnten, womöglich in Ihrer Brauerei? Beispielsweise die verlegten Rohrleitungen mit der Nennweite 65, obwohl auch Nennweite 50 ausreichend wäre? Die Rohrleitungen werden ja mit Wasser geflutet, um Würze, Hefe, Bier oder Reinigungslösungen auszuschieben. Und dazu muss eben Wasser benutzt werden. Wie soll denn sonst beispielsweise das Bier aus den Rohrleitungen herausgeschoben werden?

Doch danach bleibt das Wasser eben in den Leitungen – logisch. Und beim nächsten Produkt-Umpumpen wird es dann in den Gully geschoben – auch logisch. Indessen passen in ein Rohr DN 65 bei 100 Meter Leitungslänge 146 Liter mehr, als in ein Rohr DN 50. Mithin werden beim Füllen der Leitung DN 65 mit Produkt oder mit CIP-Lösung jedes Mal 146 Liter mehr Wasser in den Gully verdrängt, als bei einer Leitung DN 50.
Da darf man sich schon mal fragen:
Wie oft geschieht das?
Im Übrigen reden wir bei einer Rohrleitung mit der Nennweite 100 statt der Nennweite 80 bei 100 Metern Länge schon von 270 Litern Unterschied
(siehe nachstehende **Tabelle I.1**).

Tabelle I.1

Inhalte/Geschwindigkeiten/Durchflussmengen in Rohrleitungen

	Rohr-Nennweite (DN)								
	10	**15**	**20**	**25**	**40**	**50**	**65**	**80**	**100**
	Rohrinhalte (l/m)								
	0,08	0,18	0,31	0,49	1,26	1,96	3,42	5,15	7,85
Fließ-geschwindig-keiten (m/s)	Durchflussmengen (hl/h)								
0,5	1,4	3,2	5,6	8,8	23	35	60	91	141
1	2,9	6,5	11,2	17,6	45	71	120	181	283
1,5	4,3	9,7	16,7	26	68	106	179	272	424
2	5,8	13	22	35	91	141	239	362	565
2,5	7,2	16	28	44	113	176	299	453	707
3	8,6	19	33	53	136	212	359	543	848
3,5	10,1	23	39	62	159	247	418	634	989
4	11,5	26	45	71	181	282	478	724	1130
4,5	13	29	50	79	204	318	538	815	1272
5	14	32	56	88	227	353	598	905	1413
6	17	39	67	106	272	423	717	1086	1696
7	20	45	78	123	318	494	837	1268	1978
8	23	52	89	141	363	564	956	1449	2261
9	26	58	100	159	408	635	1076	1630	2543
10	29	65	112	176	454	706	1195	1811	2826
12	35	78	134	212	544	847	1434	2173	3391
14	40	91	156	247	635	988	1673	2535	3956
16	46	104	179	282	726	1129	1912	2897	4522

Gebräuchliche Fließgeschwindigkeiten:

Hefe	1,0 m/s
Würze und Bier	2,0 m/s
CIP-Lösungen	2,5 m/s
Wasser	3,5 m/s
CO_2 und Abluft	6,0 m/s

Doch nicht nur der direkte Wasserverbrauch zum Spülen und Ausschieben schlägt besonders zu Buche. Auch der indirekte Wasserverbrauch wird auffällig, wie der zur Aufbereitung erforderlicher CIP-Lösungen. Diese Wassermengen sind wegen der größeren Rohrdurchmesser ja auch größer. Von den Mischphasen beim Ausschieben des Produkts vor der Reinigung und der CIP-Lösungen nach der Reinigung mal ganz zu schweigen. Vom Abwasser wird sowieso kaum geredet...

Indessen läuft ganz heimlich, quasi nebenher, eine weitere Bedingung ins Geld und gewissermaßen in die Umwelt, weil die größeren Flüssigkeits-Mengen auch in Bewegung gebracht und in Bewegung gehalten werden müssen:

- Beim Füllen,
- beim Schlauchen,
- beim Ziehen,
- beim Reinigen.

Und dafür sind bestimmte Pumpengrößen erforderlich. Wäre es da nicht angebracht, sich auch mal zu überlegen, ob das Umpumpen einer Tankfüllung nicht etwas länger dauern könnte, – statt 2 Stunden dann eben 4 Stunden? Warum eigentlich nicht? In einer Leitung der Nennweite 50 könnte eine Tankfüllung von 500 hl Bier sehr schonend in 4 Stunden umgepumpt werden, und zwar mit einer Fließgeschwindigkeit von 1,7 m/s. Und falls es ausnahmsweise doch mal eilt, pumpt man dieselbe Menge in etwa 3 Stunden durch die Leitung, dann eben 0,5 m/s schneller. Und, wäre das schlimm? Allerdings sollte für die Pumpe ein Frequenzumrichter installiert werden, was sowieso vorteilhaft wäre. Denn zu Beginn des Umpumpens, braucht die Pumpe fast gar nicht zu pumpen, mit dem vollen Tank hinter sich.

Auch abhängig von der Fließgeschwindigkeit ist der erzielte Effekt der Rohr-Reinigung, mithin die Sauberkeit der Rohrleitungen mit den eingebauten Armaturen. Die Fließgeschwindigkeit von 2,5 m/s sollte beim Reinigen möglichst nicht unterschritten werden. Dabei fließen 176 hl/h durch ein Rohr der Nennweite 50 oder 299 hl/h durch ein Rohr der Nennweite 65. Der Druckverlust ist bei dieser Fließgeschwindigkeit in beiden Rohren praktisch gleich. Aber bei einer Rohrleitung DN 65 muss der Pumpenmotor um ungefähr 1,5 kW größer sein als bei einer Rohrleitung DN 50, weil er ja mehr Masse bewegen muss. Der Motor verbraucht also deutlich mehr Strom! Hallo?!

Aber wenn die Rohrleitungen nun mal so installiert sind?

Man kann doch jetzt nicht einfach so – alles umbauen.

Hm...wie wär's denn damit:

Man vertauscht gegebenenfalls die betreffenden Rohrleitungen!

Womöglich müssten dann nur die Pumpen quasi „verrückt" werden...

Ganz Mutige könnten ja einen „Ausschubwassertank" in ihrer Unfiltrat-CIP-Anlage aufstellen. Darin werden die bislang „unnützen" Ausschubwässer aufgefangen und nutzbar gemacht, zum Ausspülen der Gär- und Lagertanks und der Hefetanks. Das CIP-Programm müsste allerdings dafür angepasst werden, womöglich nach diesem Vorschlag:

Schritt 1: zig Liter Altlauge-Stapelwasser und Absaugen in den Gully

Schritt 2: zig Liter *Ausschubwasser* und Absaugen in den Gully

Schritt 3: zig Minuten Lauge und Absaugen in den Laugetank

Schritt 4: zig Liter Frischwasser und Absaugen in den Stapelwassertank

Schritt 5: zig Minuten Säure und Absaugen in den Säuretank

Schritt 6: zig Liter Frischwasser und Absaugen in den *Ausschubwassertank*

Und wenn nichts dergleichen machbar ist?

Wirklich?

Oder meint man es nur?

Weil man sich längst daran gewöhnt hat, dass beispielsweise im Gär/Lagerkeller für jeden Ablauf eine eigene Rohrleitung installiert und in Gebrauch ist. Aber da wird eben auch nicht jede Leitung an jedem Tag benötigt!

Wie wär's denn mit einer neuen, passend dimensionierten Manipulationsleitung? Das wäre doch eine Möglichkeit…

Also noch eine Leitung?

Ja, und mit dieser passend dimensionierten Leitung werden verschiedene Abläufe durchgeführt – nun aber Plan-mäßig!

Diese Manipulationsleitung könnte nach der Tank-Entleerung beispielsweise als CIP-Rücklauf fungieren.

Und was geschieht dann mit der „alten Produktleitung"?

Die wird „Speicher" für CO_2 oder Druckluft oder Kaltwasser…

II. Gärungskohlensäure ist ein unvermeidlicher Wertstoff

„Die Erwärmung unserer Erde" – das ist derzeit *das* große Thema.
Es beschäftigt uns alle. Die Wissenschaftler sagen, dass die Hauptverursacher dafür die sogenannten Treibhausgase sind. Insbesondere Methan und CO_2 tragen in hohem Maße zum Temperaturanstieg der Atmosphäre bei. Diese Emissionen müssen unbedingt verringert werden. Womöglich wird nun auch der CO_2-Ausstoß durch die Brauereien in den Fokus der Klima-Aktivisten geraten und geächtet werden. Indessen verbrauchen Hopfen und Braugerste CO_2 für ihr Wachstum…

Brauerinnen und Brauer nennen das bei der Vergärung von Bierwürze entstehende Kohlendioxid (CO_2) „Kohlensäure", – wie's Brauch ist im Lande. Letztlich gelangt diese Kohlensäure auf bereits bekannten Wegen immer in die Atmosphäre oder durch verschiedene Anwendungen umgewandelt in die Umwelt. Und sie kann auch nicht vermindert werden, sie ist ja abhängig vom Extraktgehalt der Bierwürze und vom Endvergärungsgrad. Die Kohlensäure-Menge ist deshalb auch dann nicht veränderbar, wenn der gewünschte Alkoholgehalt durch Verschneidung von fertigen Bieren mit unterschiedlichen Alkoholgehalten erzielt werden soll. Auch „high gravity brewing" bringt keine Verminderung des Kohlensäure-Ausstoßes in die Umwelt. Allein schwächeres Einbrauen und somit die Erzeugung von Bieren mit weniger Alkohol erfüllt den Zweck.

Zur Verdeutlichung:
Bei der Vergärung der Würze entstehen etwa hälftig Kohlensäure (CO_2) und Alkohol, je nach Stammwürze (Maltose-Extrakt in der Würze) und je nach Endvergärungsgrad. Bei 100 hl entsprechend 10.000 kg mit 12% Stammwürze errechnet sich die entstehende CO_2-Menge wie folgt (hier in 3 Schritten):

1) Gewichtsanteil des 12%-Extrakts in 10.000 kg Würze

$$= \frac{10.000 \text{ kg} \cdot 12\%}{100\%} = 1.200 \text{ kg}$$

2) Gewichtsanteil des zu 80% endvergorenen Extrakts aus 1.200 kg

$$= \frac{1200 \text{ kg} \cdot 80\%}{100\%} = 960 \text{ kg}$$

3) Gewicht der entstandenen CO_2 aus dem endvergorenen Extrakt

$$= \frac{960 \text{ kg}}{2} = 480 \text{ kg}$$

Der Alkoholgehalt ist somit auch 480 kg $\hat{=}$ 4,8% bezogen auf die zu 80% endvergorenen 10.000 kg Würze mit 12% Extrakt.

Bei 16% Stammwürze in 100 hl entstehen 640 kg CO_2.

Der Alkoholgehalt ist somit 6,4% (bezogen aufs Gewicht).

Bei 8% Stammwürze in 100 hl entstehen 320 kg CO_2.

Der Alkoholgehalt ist somit 3,2% (bezogen aufs Gewicht).

Wollte man die fertigen Biere mit einerseits 6,4% Alkohol und anderseits 3,2% Alkohol verschneiden, dann wäre der Gesamt-Alkoholgehalt = (6,4% + 3,2%) : 2 = 4,8% (bezogen aufs Gewicht).

Bei den hier zu insgesamt 200 hl verschnittenen Bieren wären 640 kg + 320 kg = 960 kg Kohlensäure entstanden.

Daher kämen auf 100 hl wiederum die bereits errechneten 480 kg Kohlensäure.

Man kann also durch Verschneidung von Bieren unterschiedlicher Alkoholgehalte den gewünschten Alkoholgehalt zwar hinbekommen, aber man kann nicht den Kohlensäure-Ausstoß vermindern.

Durch Runterkühlen bleiben von den insgesamt nun 480 kg Kohlensäure höchstens 80 kg in 100 hl Bier gebunden, entsprechend 8 Gramm in beispielsweise 1 Liter Weizenbier.

Und wo sind nun die übrigen 400 kg Kohlensäure geblieben?

Von den 480 kg ist eben nur der Teil „reine Kohlensäure", der sich in der sogenannten Hochgärungsphase entwickelt hat, – ungefähr 100 kg. Der andere, überwiegende Teil ist in einem Gemisch aus Vergärungsgasen enthalten. Dieses Gasgemisch wird üblicherweise während der Gärung ins Freie ausgestoßen. Da werden die Klima-Aktivisten wohl nicht mehr lange stillhalten. Die Regierenden halten sich momentan ja noch raus…

Also, was kann eine Brauerei tun, um den Kohlensäure-Ausstoß zu minimieren?

Was könnte sie mit der „reinen Kohlensäure" und mit der CO_2-Abluft anfangen?

Welche apparative Ausstattung wäre dafür erforderlich?

Gerade die apparative Ausstattung muss mit vielfachen Energieformen erst erzeugt werden. Doch der dafür erzielte „Gewinn" gibt den Wert der verbrauchten Energie und der verbrauchten Ressourcen nicht preis. Auch die abhängig entstandenen Emissionen gehen dabei gewissermaßen unter. Meist wird darüber eben nicht mit gebührender Achtung nachgedacht.

Nehmen wir mal an, für eine Brauerei mittlerer Größe würde sich eine CO_2-Rückgewinnanlage rentieren. Dann könnte diese Brauerei mit der verdichteten Kohlensäure ihre Biertanks vorspannen und leerdrücken und die Bierflaschen vor dem Füllen begasen. Außerdem könnte sie mit zusätzlichen Apparaten noch den Sauerstoff aus ihrem Wasser entfernen, es karbonisieren und dann mit dem derartig aufbereiteten, sogenannten entgasten Wasser den Filter anschwemmen.

Für kleinere Brauereien sind derlei Investitionen wahrscheinlich nicht tragbar. Dennoch sollte die „reine Kohlensäure" eingefangen und in einem CO_2-Tank gepuffert werden. Allerdings setzt diese Betriebsweise geschlossene Gärbehälter voraus. Und natürlich geht das auch nur mit einem niedrigen Druck von beispielsweise 0,3 barÜ. Doch mit der gepufferten reinen Kohlensäure kann nun Wasser karbonisiert werden, indem es in den CO_2-Tank gesprüht wird
(siehe **Skizze II.1)**.

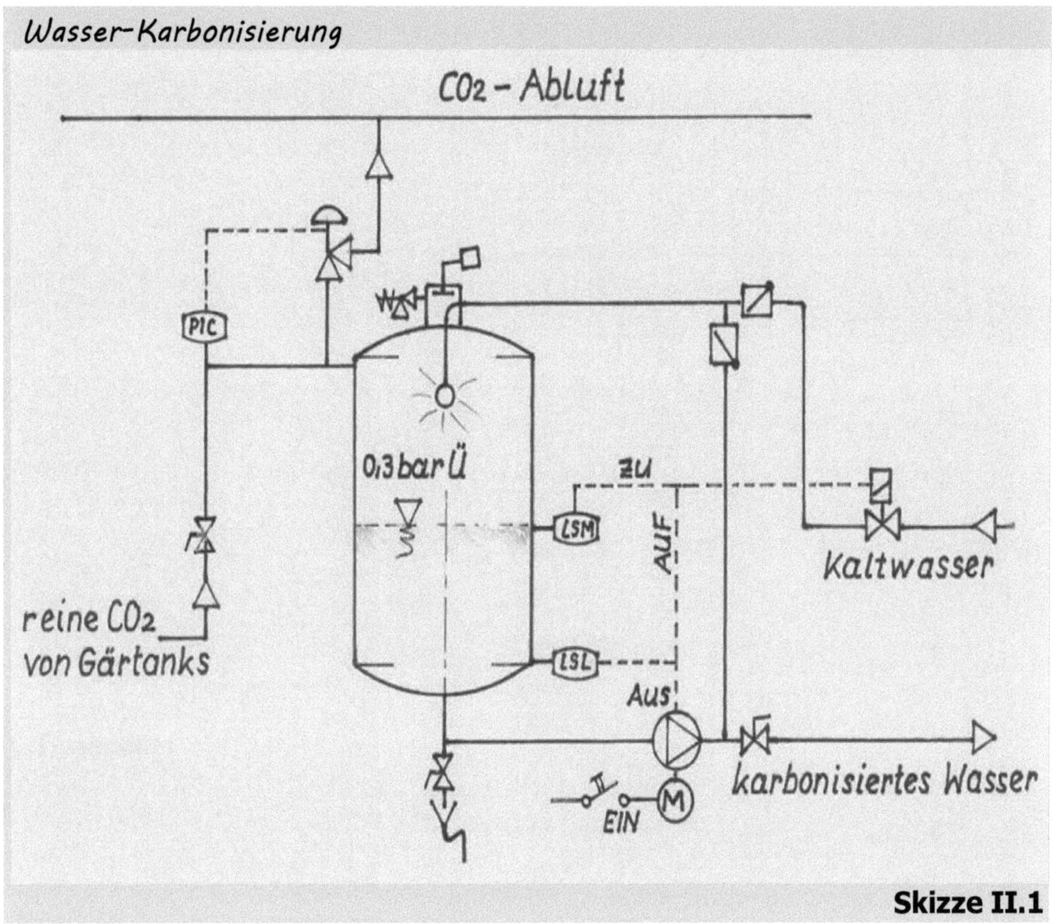

Skizze II.1

Mit dem karbonisierten Wasser werden dann Bierleitungen ausgeschoben oder Tanks ausgespritzt. Auch zum Anschwemmen des Filters wäre es nützlich. Dadurch wird die Sauerstoffkontaktierung reduziert.
Aber wem sagt man das…

Auch für die CO_2-Abluft gibt es eine wichtige Verwendung:
(siehe Skizze II.2)

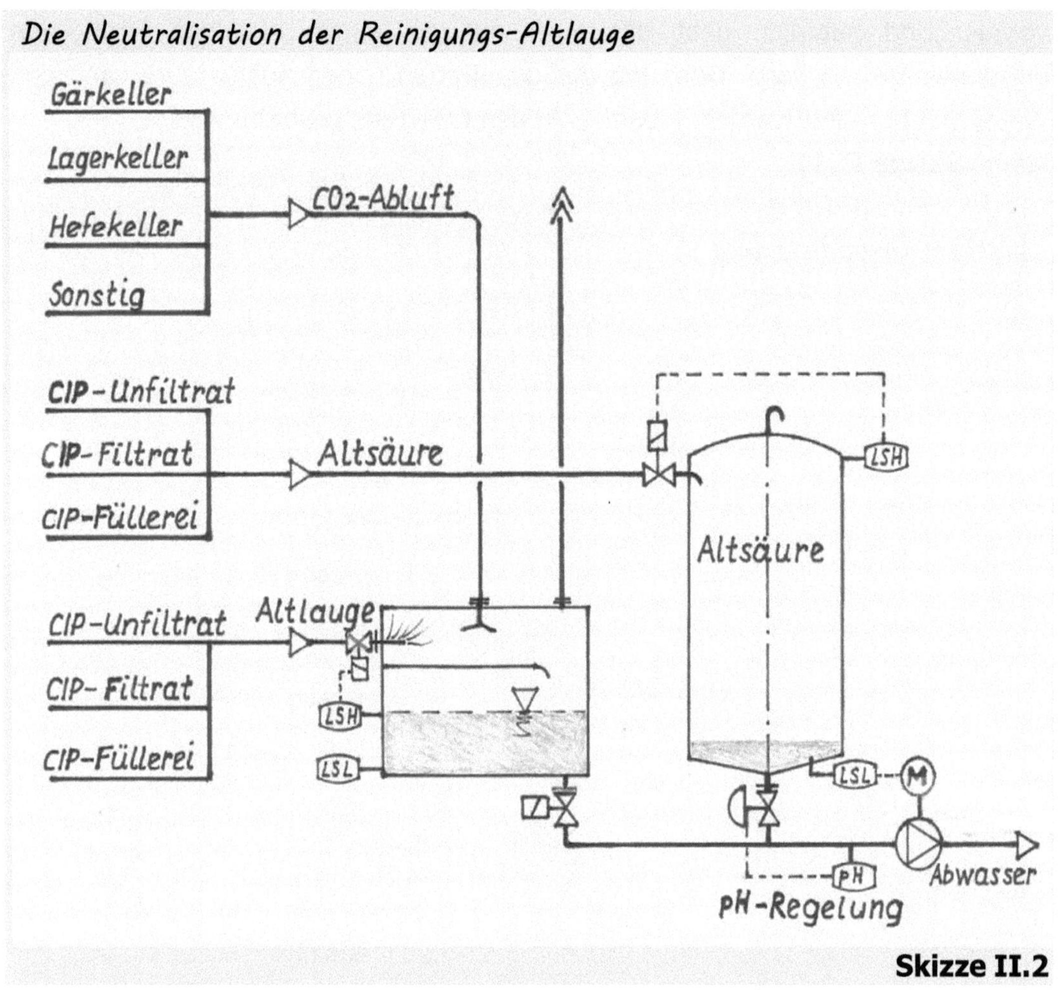

Skizze II.2

III. Wie kommt die Kohlensäure aus dem Gärtank?

Brauerinnen und Brauer wissen, wie Kohlensäure in den Gärtank hineinkommt. Aber wie man sie wieder herausbringt, darüber könnten sie schon mal ins Grübeln geraten. Wohlgemerkt, wir reden hier von geschlossenen Gärtanks. Und darin ist kurz vor dem Schlauchen die „reine Kohlensäure" eingesperrt. Und falls mit Sterilluft geschlaucht wird, ist danach ein CO_2-Luftgemisch im Tank.

Aber muss denn überhaupt geschlaucht werden?

Wenn nicht geschlaucht wird, dann ist die im Gärtank verbleibende „reine Kohlensäure" sogar von Nutzen. Indessen reden wir nun vom Eintank-Verfahren. Da verbleibt die Kohlensäure der Hochgärungsphase im Tank. Aber ebenso im Tank verbleiben der Brandheferand und die Gärschaum/Kräusendecke. Außerdem wird rund ein Fünftel des Lagervolumens eines jeden Gär-/Lagertanks sozusagen verschenkt. Natürlich könnte man die Tanks mit Jungbier aus den Nachbartanks vollends auffüllen. Doch dabei wird der Brandheferand überflutet. Auch die Gärschaum/Kräusendecke wird über die CIP/Luftleitung rausgedrückt, – ein Rest gar „eingezwängt". Derlei Prozedere könnte sich auf den Geschmack des Bieres auswirken. Wer dieses Risiko nicht eingehen will, dem bleibt eben nur das Eintank-Verfahren ohne das zusätzliche Vollfüllen mit Jungbier. Womöglich wird der Geschmack aber auch gar nicht schlechter. Ein Versuch wäre es vielleicht wert...

Unsere Beispiel-Brauerei macht an 5 Sudtagen in jeder Woche insgesamt 10 Sude mit je 50 hl. Davon kommen 2 Sude in einen zylindrokonischen Tank mit Brutto 125 hl und weitere 8 Sude in 2 zylindrokonische Tanks mit Brutto 250 hl. Nehmen wir an, die *„fast* drucklose Gärung"* und die nachfolgende Reifung dauern zusammen 5 Wochen. Also sind insgesamt 2.500 hl in den Tanks.

Beim Eintank-Verfahren „ohne Schlauchen" sind somit notwendig:

 5 Tanks mit Brutto 125 hl, Netto 100 hl,

10 Tanks mit Brutto 250 hl, Netto 200 hl.

Beim Eintank-Verfahren „mit Vollfüllung" nach Gärung und Hefeernte werden die Inhalte der 125 hl-Tanks in die 250 hl Tanks geschlaucht, worin das Jungbier bereits zu reifen begonnen hat. Deswegen braucht es hier 3 Tanks weniger:

 2 Tanks mit Brutto 125 hl, Netto 100 hl,

10 Tanks mit Brutto 250 hl, Netto 200 hl.

Beim traditionellen Zweitank-Verfahren mit „fast druckloser Gärung" und gleichlanger Lagerung wie beim Eintank-Verfahren braucht es folgende Tanks:

3 ZKG mit Brutto 250 hl, Netto 200 hl

2 ZKG mit Brutto 125 hl, Netto 100 hl

8 ZKL mit 250 hl.

Vorstehende Vergleiche verdeutlichen die unterschiedliche apparative Ausstattung bei den verschiedenen Verfahren. Hier schneidet das ungewöhnliche, vielleicht auch unbeliebte Eintank-Verfahren „mit Vollfüllung" quasi am besten ab. Weniger Tanks bringen aber nicht nur materielle Vorteile, sie ersparen zudem mehrere periodische Tank-Reinigungen. So verliert die Frage – wie man die Kohlensäure aus den Gärtanks herausbringt – quantitativ an Wichtigkeit. Dennoch muss darauf eine Antwort gefunden werden. Indessen sind die beiden Eintank-Verfahren sozusagen unschlagbar, was Tankreinigung und vor allem CO_2 betrifft. Beim traditionellen Zweitank-Verfahren wird geschlaucht. Und nach dem Schlauchen müssen die Gärtanks gereinigt werden, und zwar mit Natronlauge. Dadurch werden die organischen Spurenelemente abgetötet und von der Tankwandung abgespült. Wenn aber noch Kohlensäure im Tank ist, dann wird die Lauge zwangsläufig neutralisiert. Ihre Reinigungskraft wird dadurch unwirksam gemacht. Umgekehrt ist dann aber auch die Kohlensäure neutralisiert. Also könnte man ja mit einer Vorreinigung zuerst die Kohlensäure mit Lauge neutralisieren und danach mit der nachfolgenden, wirksamen Lauge die organischen Anhaftungen beseitigen. Ja, und genau diese Methode wird in manchen Brauereien schon seit eh und je angewandt. Also nichts Neues…

Geschlaucht wird meist mit Sterilluft. Folglich ist danach in den Tanks ein CO_2-Luftgemisch. Im 250 hl Gärtank (war) ist der CO_2-Anteil etwa 50 hl entsprechend 5 Nm³, somit 10 kg CO_2. Im 125 hl Gärtank (war) ist der CO_2-Anteil etwa 25 hl entsprechend 2,5 Nm³, somit 5 kg CO_2.

Obwohl es sich bei diesem CO_2-Luftgemisch um keine hochprozentige Kohlensäure mehr handelt, ist es für die Reinigung kontraproduktiv. Es muss entweder entfernt werden oder besser – es wird neutralisiert. Zur Neutralisation von 0,55 kg CO_2 ist 1kg Natronlauge-Konzentrat notwendig (theoretisch). Also wären beim 250 hl Tank über den Daumen 20 kg Natronlauge-Konzentrat notwendig, beim 125 hl Tank wären es dann 10 kg.

Aber wie sieht's aus, wenn man die CO_2-Neutralisation mit Altlauge machen will?

Da müsste man eine Vor-Reinigung mit Altlauge machen, die beispielsweise noch 2%ig ist. Damit errechnet sich für einen 125 hl Tank die notwendige Altlauge-Menge = 10 kg · 100% : 2% = 500 kg

Wir reden hier von etwa 0,5 m³ Altlauge. So viel fällt wöchentlich wahrscheinlich in jeder Brauerei an. Ein Sprühkopf DN 25 versprüht diese Altlauge-Menge in gerade mal 3 Minuten. Und sofern sie zuvor im ZKG/ZKL durch CO_2 neutralisiert wurde, kann sie (fast) ohne Gewissensbisse ins Abwasser eingeleitet werden. Diese Arbeitsweise hat gegenüber den anderen, auch üblichen Arbeitsweisen den Vorteil, dass die Kohlensäure nicht an die Atmosphäre abgegeben wird.

Andere, auch übliche Arbeitsweisen sind:

- Ausblasen der Kohlensäure mit Steril- oder Druckluft
- Absaugen der Kohlensäure mittels Ventilator.

Möglich wäre noch eine weitere, jedoch unübliche Arbeitsweise:

Man verdrängt das im Tank liegende Kohlensäure-Luftgemisch über den CIP-Rücklauf, indem durch mehrere Sprühintervalle mit Warmwasser von höchstens 35°C ein paar Mal Überdruck im Tank erzeugt wird. Jedoch wird auch da die Kohlensäure schließlich in die Atmosphäre ausgetrieben. Bei diesem Vorgang muss noch einer ganz bestimmten Unwägbarkeit Aufmerksamkeit geschenkt werden: Die Arbeitsweise der CO_2-Entfernung mit Warmwasser bewirkt *Unterdruck im Tank*, wenn auf Warmwasser kalte Reinigungslösung folgt. Aber auch die Neutralisation von CO_2 mit Altlauge bewirkt Unterdruck im Tank. Deshalb muss man die CIP-Vorlaufpumpe solchermaßen betreiben — evtl. intermittierend, dass rechtzeitig genügend Luft über das Vakuumventil nachströmen kann. Bezüglich Unterdrucks muss übrigens auch beim Entleeren aufgepasst werden. Aber derlei Bedingungen sind ja hinlänglich bekannt. Gleichwohl lassen Größe der Sicherheits-Armaturen, insbesondere deren Einbausituation an den Tanks oft Zweifel darüber aufkommen...

Und was die Gärungs-Kohlensäure angeht, so gelangt sie schließlich immer in irgendeiner Form in die Umwelt, manchmal eben auch als neutrales Abwasser. Doch gerade deshalb ist die Neutralisation mit Altlauge die zielführende Methode. Die Kohlensäure ist abgesehen vom Ersticken eigentlich nur bei der Reinigung mit Lauge problematisch. Sonst ist die Kohlensäure nützlich, quasi als Schutzgas gegen die Oxidierung des Bieres. Es wäre also angebracht, die bei der Gärung entstehende Kohlensäure aufzufangen. Doch der der apparative Aufwand ist erheblich. Nicht jede Brauerei unserer Beispiel-Größe kann sich die erforderliche Nachrüstung leisten. Oft sind die vorhandenen technischen Strukturen nur mit hohen finanziellen Belastungen anzupassen.

Manche Brauereien arbeiten auch mit offenen Gärbottichen, wie schon immer oder neuerdings auch wieder gewollt. Der freie Zugang ermöglicht es beispielsweise, etwas Gärschaum oder auch mehr Gärschaum abzuschöpfen, wodurch sich der Geschmack des Bieres sicherlich beeinflussen lässt. Und gerade am offenen Gärbottich können Brauerinnen und Brauer „ihrer lebendigen" Gärschaumdecke bzw. Kräusendecke ansehen, wie ihre Hefe arbeitet. Dieses „Gär-Bild" zeigt wesentliche Vorgänge auf — eben über das Gelingen des Bierbrauens. Ja, solch lebendige Gärschaum/Kräusendecke ist wirklich beeindruckend. Und hier erleben Brauerei-Besucher den Wohlklang des Zusammenspiels von Technik und Natur. Unterdessen geht die Kohlensäure unsichtbar in die Atmosphäre verloren...

Wie wäre es, wenn zu Beginn der Haupt-Gärung eine Art Haube über den Bottich gestülpt würde? Ein Biogas-Fermenter-Dach hat wahrscheinlich Jede oder Jeder schon mal gesehen. Es sitzt quasi Gas-dicht auf dem Fermenter-Behälter. Eine ähnliche Haube, gefertigt aus EPDM-Folie, wäre doch auch auf einem Gärbottich nützlich – nicht nur zur Bottich-CIP (siehe **Skizze III.1**).

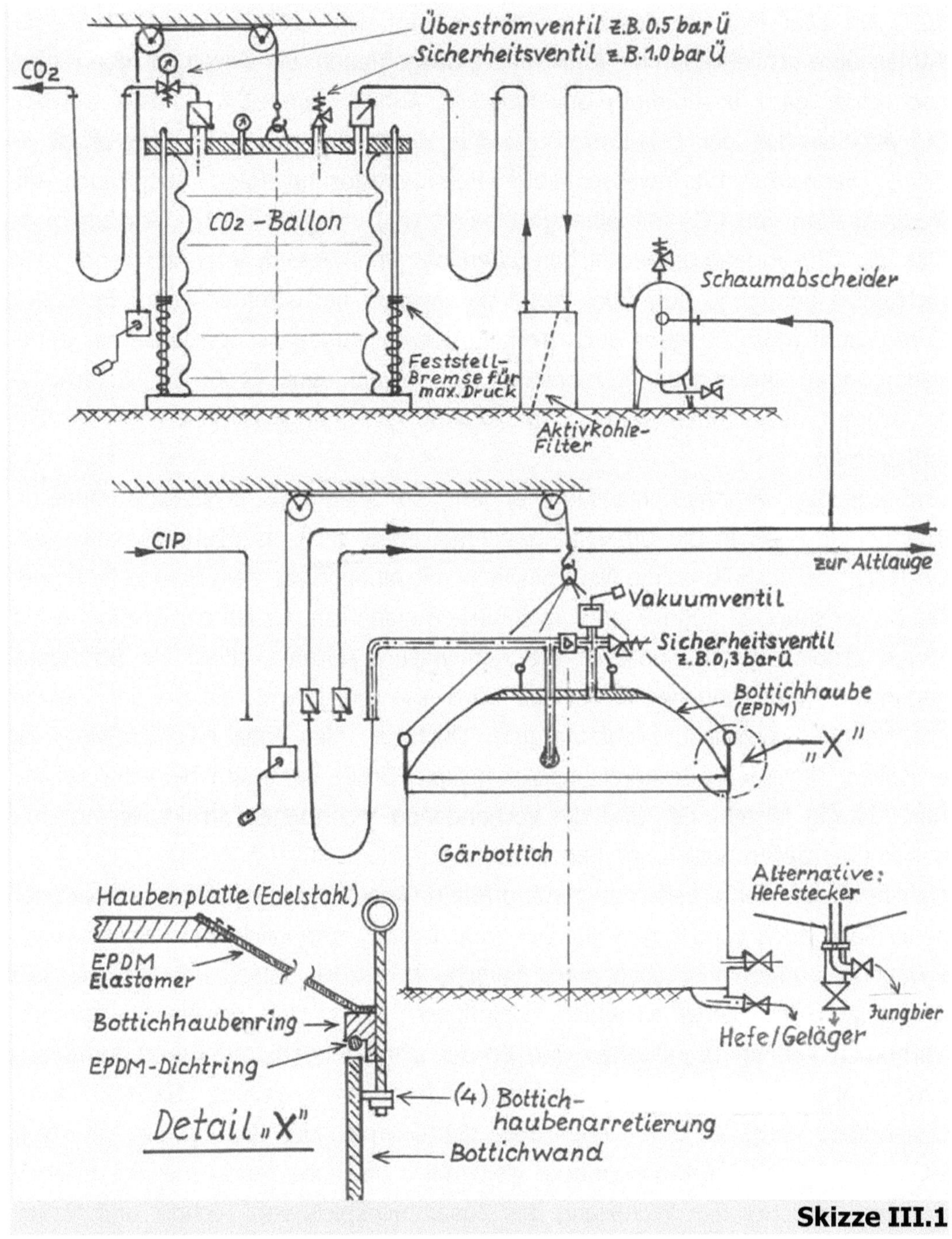

Skizze III.1

<u>Handhabung von Haube und CO_2-Ballon</u>

Das untere, offene Ende dieser neuen „Gärbottich-Haube" aus EPDM-Folie wird in seiner Form fixiert, durch einen Edelstahlring mit Dichtung. Mittels Seilzug wird dieser Edelstahlring auf den Gärbottich abgelassen und Gas-dicht aufgesetzt. Am oberen, geschlossenen Ende der Haube befindet sich die Edelstahl-Haubenplatte mit der Reinigungs-Luft-Armatur (Tanktop-Armatur). Die Haubenplatte ist ebenfalls am Seilzug eingehängt.

Nachdem die Haube bei einsetzender „Haupt-Gärung" auf den Gärbottich aufgesetzt wurde, schließt man sie mittels Schlauch an die CO_2-Luftleitung an. Allmählich wird sich die Haube aufzublähen beginnen. Nun sollte die Edelstahl-Haubenplatte, mithin die EPDM-Folie hochgezogen werden. Bald ist die Haube dann vollends aufgebläht. Von Zeit zu Zeit senkt man sie je nach Blähung mittels Seilzug ab. Dadurch wird das CO_2-Luftgemisch seiner speziellen Bestimmung zugeführt:

„Die Neutralisation der Altlauge"

Womöglich ist inzwischen die Verbindung zum Altlaugebehälter hergestellt worden. Allerdings ist darauf zu achten, dass man den evtl. „mitgerissenen" Gärschaum zuvor in den Gully ausblasen lässt. Und zwischendurch wird die Haube wahrscheinlich auch mal wieder ganz abgehoben, – schließlich will man die Gärung auch sehen.

Ab Beginn der „Hoch-Gärung" kann reine Kohlensäure gewonnen werden. Durch das Absenken der Haube wird die reine Kohlensäure in den inzwischen angeschlossenen aufblasbaren CO_2-Ballon gedrückt. Der CO_2-Ballon, gleichfalls aus EPDM, hat eine Kopfplatte mit Einlassventil, Auslassventil, Sicherheitsventil und Manometer. Die Kopfplatte wird bei entsprechendem Druck im Ballon auch mittels Seilzug an 3 oder 4 Führungsstangen entlang abgesenkt. Somit wird die Kohlensäure beispielsweise zum Lagerkeller gepumpt. Dort kann sie zum Vorspannen der Tanks verwendet werden.

Diese wahrscheinlich archaisch anmutenden Apparate leisten indessen einen wesentlichen Anteil zur Vermeidung von CO_2-Emissionen. Nicht nur das Klima freut sich auch über kleinere Maßnahmen...

IV. Wasserdampf, der sonderbare Geselle

Ohne Dampf geht es in Brauereien nicht. Er ist unverzichtbar.

Aber nicht weil er als Kraftmeier der Dampfmaschine bekannt ist, sondern wegen seiner gleichbleibenden Wärmeabgabe als Heizer der Sudpfanne. Wo Dampf hinkommt, da gibt er gleichviel Wärme ab, egal ob unten oder oben; das kann sonst keine natürliche Größe. Allerdings muss man die Voraussetzungen dafür schaffen, damit er überall hinzukommen kann. Wasserdampf ist leichter als Luft, somit liegt er auf der Luft – zu unserem Glück. Aber oftmals lässt es die Luft auch gar nicht zu, dass der Dampf in Behälter, Apparate und Rohre hineinkommen kann – zu unserem Pech. Denn wo Luft ist, da bleibt's kalt. Es findet praktisch keine Wärmeübertragung statt. Möglicherweise kann der Wasserdampf die Luft etwas zusammendrücken, dennoch bleibt sein Potential durch die Luft eingeschränkt. Und deshalb werden *Entlüfter* installiert. Die Luft muss raus können, wenn der Dampf kommt...

Dampf gehorcht einfachen physikalischen Gesetzen, somit ist er einfach beherrschbar. Nehmen wir an, ein Dampfkessel erzeugt Dampf mit einem Druck von 6 barÜ. Dieser Dampf hat eine Temperatur von genau 164,96°C – man nennt ihn Sattdampf. Theoretisch enthält Sattdampf keine Wassertröpfchen mehr. Die Temperatur ist gerade genau so hoch, jedoch passend zum „bestimmten" Druck, um alle Wassertröpfchen zu verdampfen. Würde man in den Sattdampf nun zusätzliche Wassertröpfchen einspritzen, könnten diese nicht mehr zu Dampf werden. Sattdampf ist quasi satt. Er hat von der Natur entsprechend seinem Druck eine ganz bestimmte Temperatur zugewiesen bekommen. Beispielsweise ist bei 5 barÜ die zugehörige Temperatur genau 158,84°C.

Der Dampf im Dampfkessel ist auch Sattdampf. Vorausgesetzt die Kesselregelung regelt die Wärme-Energiezufuhr einwandfrei. Also würde sie die Wärme-Energiezufuhr sofort stoppen, falls der am Regler eingestellte Druck zu hoch wird, wodurch die Temperatur auch nicht ansteigen könnte. Aber falls die Kesselregelung defekt wäre und die Energiezufuhr nicht stoppen könnte, dann würde die Wassertemperatur im Kessel ansteigen. Dadurch entstünde gleichzeitig neuer Dampf, wodurch auch der Druck ansteigt, und zwar so hoch, dass er zur neuen Temperatur passt. Und falls die Kesselregelung die Wärme-Energiezufuhr nicht aktivieren kann, dann wird das Kesselwasser allmählich kälter; und darüber kondensiert nun ein Teil vom Dampf. Er passt sich also der Kesselwasser-Temperatur an. Dadurch wird aber auch sein Druck geringer.

Wenn also Wassertemperatur und Dampftemperatur im Kessel immer gleich hoch sind, dann ist der Dampf im Dampfkessel demgemäß immer Sattdampf. Deshalb spricht man auch nur von der Kesseltemperatur. Und wenn sonst nichts Außergewöhnliches passiert, dann ist die Kesselregelung ja voll funktionsfähig. Somit finden die vorstehend erwähnten unbehaglichen Zwischenfälle nur in der Theorie statt. Und im nächsten Augenblick wird in einer Anlage sowieso wieder Dampf gebraucht. Er wird in diese Anlage hineinströmen und kondensieren, wodurch sich der Druck im Dampfkessel verringert. Die Kesselregelung wird also aktiv werden und Wärme-Energie anfordern...

Der Dampfkessel ist bis zum sogenannten „mittleren Wasserstand" mit Wasser gefüllt. Die Füllhöhe liegt zwischen 2/3 und 3/4 der Kesselhöhe, nicht in der Mitte. Mittlerer Wasserstand bedeutet, dass der Füllstand ständig etwas über die Mitte-Markierung im *Wasserstandsglas* hinweg pendelt. Mal ist der Wasserstand unter dem mittleren Wasserstand, mal darüber. Diese ständige Pendelbewegung des Wasserspiegels wird einerseits durch in den Kessel eingepumptes Speisewasser und anderseits durch Entstehung neuen Sattdampfes verursacht. Diese Vorgänge finden unterschiedlich stark und zeitversetzt statt. Sie sind abhängig von der Wärmeversorgung der verschiedenen Anlagen. Dennoch bleibt der sogenannte mittlere Wasserstand im Dampfkessel erhalten, weil der Speisewasserregler für stetigen Nachschub an Speisewasser sorgt, indem er die Speisewasserpumpe beschaltet. Speisewasser nennt man die Mischung aus Kondensat und extra aufbereitetem Wasser. Es gleicht die Verluste aus, die durch die Brüden-Ausdampfung von Apparaten und Kondensatbehältern entstehen. Es kompensiert aber auch den anfänglich verzögerten Rückfluss des Kondensats. Und damit der Dampfdruck im Kessel konstant bleibt, muss das hineingepumpte Speisewasser sofort auf Sattdampftemperatur aufgeheizt werden. Geschieht dies nicht, kondensiert gerade so viel Dampf, dass sich seine Temperatur an die tiefere Wassertemperatur anpasst. Der Druck wäre somit natürlich auch geringer geworden. Also herrscht wieder Übereinstimmung von Sattdampftemperatur und Sattdampfdruck. Eigentlich braucht man sich darüber keine Gedanken zu machen, denn wie vorstehend schon erwähnt, kommen Ausfälle der Kesselregelung, somit der Feuerungstechnik, normalerweise nicht vor. Für Notfälle gibt es extra die Not-Abschaltung. Dafür sind im Dampfkessel extra Sicherheits-Instrumente installiert. Sie schalten die Beheizung sofort aus:
- Bei Wassermangel und
- bei zu großem Überdruck.
Bei Überdruck wird auch das Sicherheitsventil ansprechen…

<u>Stichwort Überdruck:</u>

Mit welchem Kesseldruck soll der Dampfkessel denn betrieben werden?

Kommt darauf an, welche wärmetechnische Produktionsanlage den höchsten Sattdampfdruck benötigt, eben auch abhängig von der gewünschten Temperatur. In Brauereien wird die höchste Dampftemperatur normalerweise im Sudhaus benötigt. Klar, die Kochtemperatur der Würze liegt ja schon bei 100°C oder auch knapp darüber. Und damit beim Kochprozess ein intensiver Wärmeaustausch stattfindet, sollte die Sattdampftemperatur mindestens 30°C über der Würze-Kochtemperatur liegen, folglich ca. 140°C betragen. Also könnte der Kesseldruck 3,0 barÜ sein. Somit wäre die Sattdampftemperatur 143,6°C.

Aber ist dieser Kesseldruck auch ausreichend hoch?

Wenn Dampf- und Kondensatleitung nicht besonders lang sind, dann sind Apparate und Armaturen aber auch Höhenunterschiede auf der Kondensatseite die größten Druckreduzierer. Diese Druckreduzierer müssen dringend berücksichtigt werden. Also machen wir eine Tabelle:

Druckverbraucher	**Druckverluste [bar]**
Absperrventil	0,2
Schmutzfänger	0,3
Außenkocher	0,1
Ventil für kondensatseitige Regelung	1,0
Kondensatableiter	1,0
Rückschlagventil	0,2
Höhenunterschied zwischen Kondensatableiter und hochliegender Kondensatleitung ≈ 3 m	$3 \cdot 0{,}15 = 0{,}5$
Gegendruck im Kondensatbehälter	0,5
Gesamt	**= 3,8 bar**

Gut, dass diese Tabelle gemacht wurde. Der Kesseldruck hätte nämlich nicht ausgereicht, um das Kondensat aus dem Wärmetauscher heraus, durch den Kondensatableiter hindurch und dann in die hochliegende Kondensatleitung hinauf zu drücken. Und dabei ist noch gar nicht berücksichtigt, dass für den Kondensat-Rücktransport in der hochliegenden Leitung zum Kondensatbehälter zusätzlich Druck notwendig ist. Darum muss der Druck hinter dem Kondensatableiter, also am Beginn der Kondensatleitung, merklich höher sein, als der Druck im Kondensatbehälter. Ansonsten kann das Kondensat aus dem Wärmetauscher nicht abfließen, woraufhin dieser quasi „absäuft".

Die Kondensat-Rückführleitung ist eigentlich nichts anderes als eine nasse Dampfleitung, weil darin eine Nachverdampfung des Kondensats vonstattengeht. Diese Nachverdampfung erzeugt aber Gegendruck, wodurch sich der Kondensat-Rückfluss zum Kondensatbehälter aufstaut. Deshalb braucht es bei einem Kondensat-Rückfluss von ca. 300 kg/h in einer 20 m langen Kondensatleitung zusätzlich ca. 0,2 bar, nur um den Gegendruck auszugleichen.

Wirklich?

Also 0,2 bar zusätzlich, obschon die Nachverdampfung bei der Nennweiten-Bemessung berücksichtigt wurde? Ja, denn schließlich muss das Kondensat in Bewegung gebracht und dann auch in Bewegung gehalten werden. Und das macht der Dampfdruck, quasi als Anschieber. Also muss der Dampfkesseldruck als Vordruck für die Versorgung der Anlagen nun auf mindestens 4 barÜ eingestellt sein. Somit ist die Sattdampftemperatur 151,8°C. Und diese Temperatur hat theoretisch dann auch das Kondensat, und zwar in dem Moment, wo der Sattdampf im Wärmetauscher (z.B. Außenkocher) seine Verdampfungswärme vollends abgegeben hat und kondensiert. So, nun gibt's im Wärmetauscher wieder Platz für neuen Sattdampf…

Sodann drückt nachströmender Sattdampf das entstandene Kondensat in die Kondensatleitung. Dort verdampft es zum Teil, weil sein Druck nicht mehr zu seiner Temperatur passt. Dabei fließt es mit mindestens 130°C zum Kondensatbehälter und verdampft dort noch mehr, weil der Kondensatbehälter eine Ausdampfleitung ins Freie hat (Brüden-Ausdampfung). Dieser sogenannte Nachdampf geht also „ungenutzt" ins Freie! Trotzdem ist dieser Vorgang wichtig. Denn dadurch wird die vom Kondensat eventuell aus Apparaten, Armaturen und Rohrleitungen mitgenommene Luft durch das Brüdenrohr ausgetrieben.

Aber vor allem:

Es kommt keine Luft von außen in die Dampfkessel-Anlage, weil im Kondensatbehälter niemals Unterdruck herrscht. Doch dafür muss die Kondensattemperatur im Kondensatbehälter mindestens 110°C sein, was einem Nachdampf-Überdruck von ungefähr 0,5 bar entspricht.

Bei Kesseldrücken bis ungefähr 6 barÜ liegt der Dampfverlust zwischen 6% und 10%. Er muss laufend durch Speisewasser ersetzt werden. Dieser stetige Speisewassernachschub muss auch ständig aufgeheizt werden. Also stellt sich quasi doppelter Verlust ein:

1. verlorener Dampf – dadurch zusätzliches Speisewasser
2. zusätzliche Wärme-Energiezufuhr

<u>Noch einmal:</u>

Nachverdampfung entsteht in der Kondensatleitung oder im Kondensatbehälter, wenn sich dort der Druck verringert. So passen Temperatur und Druck gemäß der natürlichen Sattdampf-Regel nicht mehr zueinander. Die nun *zu* hohe Temperatur lässt einen Teil des Kondensats verdampfen. Um die Nachverdampfung zu nutzen, bzw. den Wärmeverlust zu minimieren, bietet sich folgendes Anlagen-Konzept an (siehe **Skizze IV.1**).

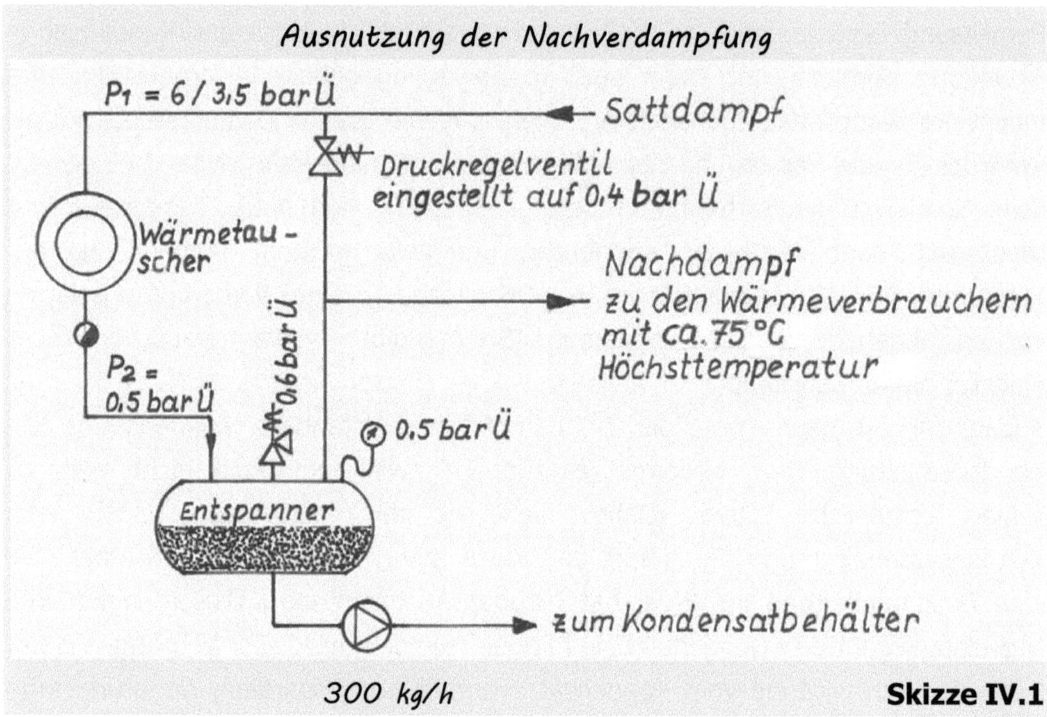

Die in der Skizze IV.1 ausgewiesenen Werte zeigen in zwei nachfolgenden Beispiel-Berechnungen auf, wie sich die Nachdampfmengen bei variabler Differenz zwischen Sattdampfdruck und Kondensatdruck (Nachdampfdruck) unterscheiden. Die Zustandsgrößen von Sattdampf und Kondensat sind aus nachstehender Sattdampftabelle entnommen.

<u>Nachfolgend werden berechnet:</u>

a) Differenz der Kondensat-Wärmeinhalte bei 6,0 barÜ bzw. 0,5 barÜ

b) Nachdampfmengenzahl

c) Nachdampfmenge m_{ND}

d) Nachdampfvolumen l/h

e) Restliche Kondensatmenge in kg/h

f) Temperatur des Restkondensats

g) Anteil der Nachverdampfungswärme in Prozent

Zustandsgrößen für Wasser und Dampf							
Absolut-Druck [bar]	Über-Druck [barÜ]	Siede-Temperatur [°C]	spez. Volumen Wasser [dm³/kg]	Spez. Volumen Dampf [dm³/kg]	Dichte Dampf [kg/m³]	h' spez. Enthalpie Wasser [kJ/kg]	h" spez. Enthalpie Dampf [kJ/kg]
1,013	0,013	100	1,0437	1673	0,5977	419,06	2676
1,1	0,1	102,3	1,0455	1549	0,6455	426,43	2679
1,2	0,2	104,8	1,0476	1428	0,7002	436,94	2683
1,5	0,5	111,4	1,0530	1159	0,8628	467,13	2693,3
2,0	1,0	120,2	1,0608	885,4	1,129	504,70	2706,3
2,5	1,5	127,4	1,0675	718,4	1,392	535,34	2716,4
3,0	2,0	133,5	1,0735	605,6	1,651	561,43	2724,7
3,5	2,5	138,9	1,0789	524	1,908	584,27	2731,6
4,0	3,0	143,6	1,0839	462,2	2,163	604,67	2737,6
4,5	3,5	147,9	1,0885	413,8	2,417	623,16	2742,9
5,0	4,0	151,8	1,0928	374,7	2,669	640,12	2747,5
6,0	5,0	158,8	1,1009	315,5	3,170	670,42	2755,5
7,0	6,0	164,9	1,1082	272,7	3,667	697,06	2762,0
8,0	7,0	170,4	1,1150	240,3	4,162	720,94	2767,5

Beispiel-Berechnungen 1

gegebene Werte gemäß Tabelle:

Siedetemperatur des Kondensats bei 6,0 barÜ = 164,9°C

Siedetemperatur des Kondensats bei 0,5 barÜ = 111,4°C

Wärmeinhalt h' des Kondensats bei 6,0 barÜ = 697,0 kJ/kg

Wärmeinhalt h' des Kondensats bei 0,5 barÜ = 467,13 kJ/kg

Wärmeinhalt h" des Sattdampfes bei 0,5 barÜ = 2.693,3 kJ/kg

a) Differenz Δh' der Kondensat-Wärmeinhalte bei 6,0 bzw. 0,5 barÜ
= 697,0 − 467,13 = 229,93 kJ/kg

b) Nachdampfmengenzahl = 229,93 kJ/kg : 2.693,3 kJ/kg = 0,085
von 1 kg Kondensat werden also 85 Gramm zu Nachdampf!

c) Nachdampfmenge m_{ND} aus 300 kg/h Kondensat = 0,085 · 300kg/h = 25,5 kg/h

d) Nachdampfvolumen im 0,5 barÜ Kondensat = 25,5 kg/h · 1.159 dm³/kg
   = 29.554 dm³/h entsprechend l/h

e) restliche Kondensatmenge = 300 kg/h − 25,5 kg/h = 274,5 kg/h

f) Kondensattemperatur des Restkondensats bei 0,5 barÜ = 111,4°C

g) Anteil der Nachverdampfungswärme h_N in %
$$= \frac{(h'6,0\ barÜ − h'0,5\ barÜ) \cdot 100\%}{h''\ 6,0\ barÜ} = \frac{(697,06 − 467,13) \cdot 100\%}{2.762,0} = \mathbf{8,32\%}$$

<u>Beispiel-Berechnungen 2</u>
gegebene Werte gemäß Tabelle:
Siedetemperatur des Kondensats bei 3,5 barÜ = 147,9°C
Siedetemperatur des Kondensats bei 0,5 barÜ = 111,4°C
Wärmeinhalt h′ des Kondensats bei 3,5 barÜ = 623,16 kJ/kg
Wärmeinhalt h′ des Kondensats bei 0,5 barÜ = 467,13 kJ/kg
Wärmeinhalt h″ des Sattdampfes bei 0,5 barÜ = 2.693,3 kJ/kg

a) Differenz Δh′ der Kondensat-Wärmeinhalte bei 3,5 barÜ bzw. 0,5 barÜ
   = 623,16 − 467,13 = 156,03 kJ/kg

b) Nachdampfmengenzahl = 156,03 kJ/kg ∶ 2.693,3 kJ/kg = 0,058
   von 1 kg Kondensat werden 58 Gramm zu Nachdampf!

c) Nachdampfmenge m_{ND} aus 300 kg/h Kondensat = 0,058 · 300 kg/h = 17,4 kg/h

d) Nachdampfvolumen = 17,4 kg/h · 1.159 dm³/kg
   = 20.166 dm³/h entsprechend l/h

e) restliche Kondensatmenge = 300 kg/h − 17,4 kg/h = 282,6 kg/h

f) Kondensattemperatur des Restkondensats bei 0,5 barÜ = 111,4°C

g) Anteil der Nachverdampfungswärme h_N in %
$$= \frac{(h'3,5\ barÜ − h'0,5\ barÜ) \cdot 100\%}{h''\ 3,5\ barÜ} = \frac{(623,16 − 467,13) \cdot 100\%}{2.742,9} = \mathbf{5,69\%}$$

Die Beispiele zeigen, dass bei größeren Druckunterschieden zwischen Dampfkessel und Kondensatbehälter auch eine größere Nachdampfmenge entsteht. Folglich wären die Anwendung des Entspannungsdampfes (Nachdampf) und der damit erforderliche apparative Aufwand womöglich rentabel. Bei kleineren Druckunterschieden zeigt es sich, dass der Nutzen zum Aufwand nicht mehr günstig ausfällt. Deshalb kommt noch eine besonders unkomplizierte und wirksame Methode zur Reduzierung der Energieverluste in den Fokus:

<u>Die kondensatseitige Regelung</u> (siehe nachstehende **Skizze IV.2**)

Bei dieser Anlagen-Bauweise wird durch den Kondensat-Stau im Wärmetauscher teils auch der Wärmeinhalt des Kondensats zur Wärmeübertragung ausgenutzt. Deshalb sinkt die Kondensattemperatur im Wärmetauscher. Natürlich muss hier berücksichtigt werden, dass Kondensat ungefähr 4-mal weniger Wärme übertragen kann als Dampf. Die technischen Komponenten müssen an den Kondensat-Stau angepasst sein. Insofern wird hier ein stehender Wärmetauscher aufgestellt. Folglich ist auch sein Heizrohrbündel senkrecht angeordnet. Das Temperatur-Regelventil wird nun nach dem Wärmetauscher und hinter dem Kondensatableiter in die Kondensatleitung eingebaut. Kondensatableiter lassen natürlich keinen Dampf durch. Auch nicht dieser Kondensatableiter – nun vor dem Temperatur-Regelventil eingebaut; nicht mal beim Anfahren des Wärmetauschers, wo das Temperatur-Regelventil vollkommen geöffnet hat. In unserem Beispiel könnte das Kondensat ohne weiteres um 30°C ausgekühlt werden. Trotzdem wäre die Temperatur im Kondensatbehälter noch hoch genug, um das Kondensat vor der Einspeisung in den Dampfkessel zu entgasen. Da steckt also doch Einiges an Energie drin, das bei einer dampfseitig geregelten Anlage einfach übergangen wird. Doch ist in diesem Fall Bedingung, dass der Druck nach Kondensatableiter und Regelventil um mindestens 0,9 bar höher ist, als der Druck im Kondensatbehälter. Denn nach dem Wärmetauscher vermindert die Steigleitung plus das hier eingebaute Rückschlagventil den erforderlichen Druck zum Hochheben des Kondensats zur hochliegenden Kondensatleitung.

Bei der kondensatseitigen Regelung steht der Wärmetauscher dauernd unter Dampfdruck. Folglich gibt's auch kein Problem beim Kondensat-Abfluss. – Oder?

Das Temperatur-Regelventil in der Kondensatleitung nach dem Wärmetauscher staut einen Teil vom Kondensat im Wärmetauscher an, wodurch auch ein Teil des Kondensat-Wärmeinhalts an das Produkt oder Wasser abgegeben wird. Aber wenn dieses Temperatur-Regelventil bei Annäherung des Istwertes an den Sollwert nahezu schließt, dann kann das Kondensat nicht mehr abfließen. Denn der dazu notwendige Druck wird in der Enge zwischen Ventilkegel und Durchgangsbohrung praktisch vollständig vermindert.

Und deswegen ist bei der kondensatseitigen Regelung die Temperaturanpassung an den Sollwert wegen der schwankenden Kondensat-Anstauung ungenau. Die eingestellte Temperatur tendiert zum Überschwingen. Weil das in der Steigleitung und damit auch im Wärmetauscher stehende Kondensat nicht mehr zum Kondensatbehälter fließen kann, sobald der Druck hinter dem Temperatur-Regelventil zu gering wird.

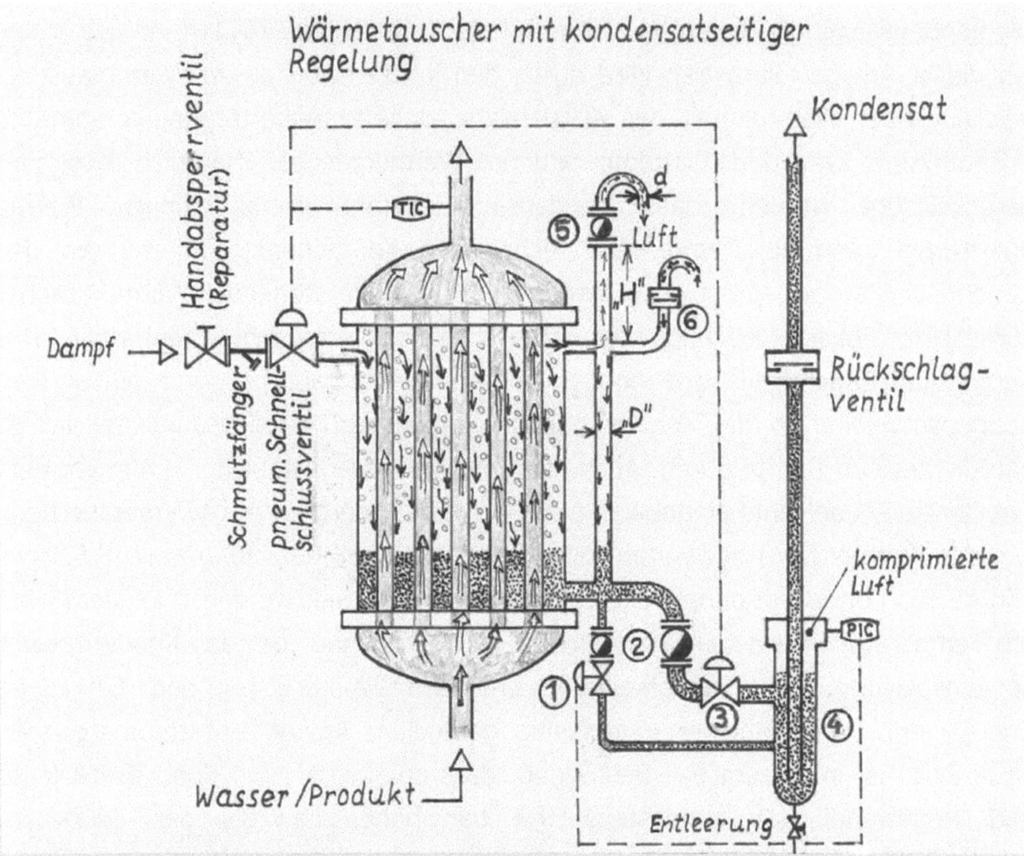

① Druck-Regelventil stellt den Mindestdruck ein,
   zur kontrollierten Ableitung des Kondensats = geregelter Kondensat-Stau
② Kondensatableiter
③ Temperatur-Regelventil
④ Wasserschlag-Kompensator
⑤ thermischer Kondensatableiter zur Entlüftung des Dampfraumes
   H = Wärmeabgabe des senkrechten Rohres muss den Dampfanteil
   kondensieren, D nicht zu klein wählen, ⇨ ca. 2 · d
⑥ Belüftungs-Rückschlagventil gegen Unterdruck, umgekehrt eingebaut

Skizze IV.2

Deshalb wird die Temperatur im Wärmetauscher sinken, woraufhin das Temperatur-Regelventil wieder mehr auffährt. Allerdings dauert es nun eine kleine Weile, bis der Dampf das angestaute Kondensat aus dem Wärmetauscher hinaus gedrückt hat. Denn zuerst muss der Dampfdruck auch das in der Steigleitung stehende Kondensat in Schwung bringen und hinauf in die hochliegende Kondensatleitung drücken. Wenn davon schließlich eine Teilmenge in Richtung Kondensatbehälter abgeflossen ist, kann das angestaute, ausgekühlte Kondensat aus dem Wärmetauscher heraus. Währenddessen ist die Temperatur im Wärmetauscher aber noch etwas mehr gesunken. Das Temperatur-Regelventil fährt also noch mehr auf. Jetzt kommt das ganze Kondensat auf einmal aus dem Wärmetauscher heraus, woraufhin wieder mehr Dampf kondensiert und das Wasser/Produkt quasi zum Überkochen bringt. Von genauer Temperatur-Regelung ist hier nicht zu reden. Also müsste dieser sogenannte Hochhebe-Druck stetig kontrolliert werden! Das Temperatur-Regelventil müsste genau so weit öffnen, dass der Druck ausreicht, um das Kondensat zum Kondensatbehälter zu drücken.
Aber wem soll dieses große Temperatur-Regelventil nun dienen?
Wie gewohnt der Temperatur?
Oder doch besser dem Druck?
Tja, mit nur einem Regelventil und nur einem elektronischen Messinstrument ist Beides zusammen nicht in den Griff zu bekommen. Aber zwei parallel installierte Regelventile und zwei Messinstrumente, mithin zwei voneinander unabhängige Regelungen, bekämen dieses Problem in den Griff:
- Ein Regelventil und Messinstrument zur Temperatur-Regelung – wie gehabt,
- dazu ein kleines Regelventil und Messinstrument zur Kondensat-Druck-Regelung.
Und dieses kleine Druck-Regelventil wird auch hinter einem Kondensatableiter in die Kondensatleitung eingebaut. – Dahinter! Kondensatableiter lassen keinen Dampf durch, – das ist wichtig. Das „neue" Druck-Regelventil kann nun zusammen mit dem ebenso neuen Druckaufnehmer (PIC) den Druck in der Kondensat-Steigleitung überwachen und regeln. Das Kondensat bleibt nun nicht mehr in der Steigleitung stehen, es wird stetig rausgedrückt. Trotzdem wird der weitaus größere Teil des Kondensats im Wärmetauscher weiterhin zur Auskühlung und somit zur Wärmeabgabe angestaut. Dafür sorgt das Temperatur-Regelventil durch die Temperatur-Regelung – nach wie vor.
Bei dieser Methode der Wärmeübertragung mit Sattdampf bringt eben nur die Kontrolle beider Größen – Temperatur *und* Druck – das Optimum. Darum ist es ratsam, kondensatseitig am Wärmetauscher eine Druck-Regelung parallel zur Temperatur-Regelung einzubauen. Und nicht nur in Wärmeübertragungsanlagen mit Dampf erfüllt eine Parallel-Regelung ihren Zweck…

Nun aber noch ein Druck-Problem:

Was soll man tun, wenn der vom Dampfkessel kommende Druck für einen Wärmetauscher zu hoch ist, – beispielsweise für einen Warmwasser-Boiler mit Doppelmantel?

Dann muss der Druck vor diesem Boiler eben reduziert werden. Und dafür wird ein Druckminderer in die Dampfleitung vor dem Boiler installiert. Hoffentlich auch weit genug vor dem Boiler…

Nach dem Einbau des Druckminderers geschieht Sonderbares:

Auf der Hinterdruckseite des Druckminderers wird der Sattdampf zum überhitzten Dampf, nun auch „Heißdampf" genannt. Der Dampf ist gewissermaßen absolut trocken geworden, er hat auch nicht die allerkleinsten Wassertröpfchen mehr in sich. Und falls man in die Dampfleitung hineinsehen könnte, – es wäre Nichts zu sehen, der Dampf ist jetzt so unsichtbar wie Gas.

Was ist da passiert?

Der Dampf hat nach dem Druckminderer weniger Druck – logisch. Deswegen wurde der Druckminderer ja installiert. Aber nun passen sein Druck und seine Temperatur gemäß der „natürlichen Sattdampf-Regel" eben nicht mehr zusammen. Seine Temperatur ist nach der Druckreduzierung immer noch fast so hoch wie davor. Na ja, etwas niedriger ist seine Temperatur schon geworden, weil er im Druckminderer ja Arbeit verrichten musste, um seinen Druck zu vermindern. Er musste sich gegen den Federdruck im Druckminderer durchsetzen, sich quasi hindurchzwängen. Und „wo gehobelt wird, fallen Späne". Nun, Späne fallen im Druckminderer bestimmt nicht, dafür aber ein paar wenige Temperatur-Grade. Durch seine Arbeit hat der Dampf eben etwas von seiner Energie eingebüßt – klar. Außerdem könnte der Sattdampf auch ein paar winzige Wassertröpfchen mitgeführt haben, die dann im Druckminderer oder kurz danach verdampft sind. Auch deshalb wäre die Dampftemperatur noch ein wenig mehr gefallen. Indessen kann der überhitzte Dampf nicht gleich kondensieren, wenn er in den Warmwasser-Boiler hineinkommt. Schließlich müssen seine Temperatur und sein Druck gemäß der natürlichen Sattdampf-Regel übereinstimmen. Mit der Wärmeübertragung klappt es nicht wirklich. Sie kommt einfach nicht in Gang… Weil sich der überhitzte Dampf ja erst abkühlen muss. Und das tut er, indem er seine Überhitzungswärme an das Boiler-Wasser überträgt. Wenn Sattdampf mit

6 barÜ auf beispielsweise 3 barÜ reduziert wird, dann ist die Überhitzungswärme (siehe Sattdampftabelle) = 2.762,0 kJ/kg – 2.737,6 kJ/kg = 25,4 kJ/kg

Die Überhitzungswärme macht nicht viel aus – eigentlich kaum der Rede wert.

Und dennoch gilt auch hier der Merkspruch:

„Kleine Ursache, große Wirkung!"

Wie gesagt, diese kleine Überhitzungswärme kann der Dampf im Doppelmantel des Boilers sehr rasch loswerden. Daraufhin ist er nicht mehr überhitzt und könnte eigentlich sofort kondensieren. Doch gerade dann, als das tatsächlich passiert und Platz frei wird im Doppelmantel, kommt neuer überhitzter Dampf nach. Und der gibt auch sofort seine Überhitzungswärme ab, nun aber sowohl an das Boiler-Wasser, als auch an das gerade entstehende Kondensat. Die Kondensation wird also quasi rückgängig gemacht, somit auch die Wärmeübertragung, weil immer nur ein ganz kleiner Teil der Kondensationswärme frei wird.

Kann man da was machen?

Womöglich könnte der Dampfkessel auch mit geringerem Druck betrieben werden, falls die Verrohrung es zulässt und falls beispielsweise für die Sudpfanne auch eine niedrigere Temperatur ausreichend wäre. Das wäre dann schon die halbe Miete. So, und wenn man jetzt wieder sämtliche Druckverluste genauer betrachtet, dann müsste der Druckminderer vielleicht nur noch ungefähr halb so viel Druck reduzieren – statt 3,0 bar nur 1,5 bar. Somit wäre die Überhitzungswärme auch nur noch ungefähr halb so groß wie zuvor bei der 3,0 bar Druckreduzierung.

Und jetzt kommt uns die Einbau-Situation des Druckminderers wieder in den Sinn: Denn falls der Druckminderer tatsächlich ein paar Meter vor dem Boiler plaziert wurde, dann kriegt man diese kleinere Überhitzungswärme auch schon vor dem Boiler los. Man entfernt einfach die Isolierung der Dampfleitung nach dem Druckminderer. So, damit wird der Heißdampf wieder Sattdampf, woraufhin die Wärmeübertragung endlich richtig funktioniert...

Allerdings müssen die Wärmeverluste der Dampfleitung in Kauf genommen werden. Vielleicht kann der Boiler aber auch mittels Nachdampf betrieben werden (siehe Skizze IV.1). Doch da muss eben überlegt werden, ob gerade dann genug Nachdampf zur Verfügung steht, wenn der Boiler ihn braucht.

Tja, der Dampf ist schon ein sonderbarer Geselle – Nassdampf, Sattdampf, Heißdampf, Nachdampf...

<u>Apropos Nachdampf:</u>

Sollten in die Haupt-Kondensatleitung mehrere Kondensatleitungen mit unterschiedlichen Nachdampfdrücken einmünden, dann gilt:

Am nächsten zum Kondensatbehälter muss diejenige Anlagen-Kondensatleitung in die Haupt-Kondensatleitung einmünden, die den niedrigsten Nachdampfdruck hat. Und die Anlagen-Kondensatleitung mit dem höchsten Nachdampfdruck muss am weitesten entfernt vom Kondensatbehälter den Anfang der Haupt-Kondensatleitung machen, notfalls sogar über einen Umweg.

V. Eiswasser, das ungiftige Kältemittel

Im Lexikon steht, dass Eis unter Normaldruck bei 0°C schmilzt.

Also hat das entstehende Eiswasser auch 0°C, egal ob das Eis zuvor natürlich entstand oder maschinell gemacht wurde. Wie Eis entsteht, braucht man keiner Brauerin und keinem Brauer zu erklären, den „alten" Brauern sowieso nicht. Die haben gewissermaßen noch zu spüren bekommen, was Eis ist. Unser Rudi hat noch einige von ihnen kennengelernt und ihren Erzählungen gelauscht. Da wurden im Winter die Eisblöcke aus den zugefrorenen Weihern, Seen oder Flüssen heraus gesägt. Wenn aber diese natürlichen Ressourcen nicht greifbar waren, behalf man sich mit dem Eisgalgen. Das so „geerntete" Eis wurde im Eiskeller aufgeschichtet und reichte in manchen Jahren sogar bis zum nächsten Winter. Doch die unbequeme, archaische Hantierung machte die Natureisernte unwirtschaftlich. Auch durch den aufkommenden, sich hinziehenden Klimawandel wurde die Natureisernte immer seltener. Heutzutage ist sie Nostalgie. Schade eigentlich, denn eine Art Eisgalgen ließe sich quasi zur maschinellen Anlage ausbauen. Mit einer solchen Anlage könnte im Winter wieder Strom für den Betrieb der Kältemaschine gespart und somit auch Abwärme vermieden werden. Das käme unserem Klima zugute!

Es wurde sowieso viel zu lange außer Acht gelassen, dass jede künstlich erzeugte Energieform letztlich Abwärme wird. Da machen auch Solardächer und Windräder keinen Unterschied. Zwar erzeugen diese Anlagen nach ihrer Inbetriebnahme immerhin kein CO_2 mehr, aber wie viel CO_2 bei Produktion, Logistik, Installation und Netzanbindung angefallen ist, wird kaum bedacht. Über diese künstlich entstandene Abwärme wird offenbar überhaupt nicht nachgedacht. Wie anders verhält es sich doch bei der Erzeugung von Eis; insbesondere, wenn es die Natur selbst herstellt. In den Wintermonaten beliefert uns die Natur mit einer besonderen Energieform, die der Erderwärmung entgegenwirkt und dazu noch Einsparung von Elektro-Energie bringt, – wenn auch nur für ein paar Wochen. Aber ja, leider bringen die Winter nicht mehr diese großen Eismengen, so wie Früher, wo gleich für mehrere Monate Eiswasser erzeugt werden konnte. Dennoch, diese Energieform sollte man nutzen. In jedem Kilogramm Eis ist eine „kalte" Energie gespeichert, die 100 m³ Luft in einem Bierkeller um ungefähr 2,5°C abkühlen kann. Und bei direktem Kontakt könnte 1 Liter Heißwürze 1 kg Eis schmelzen und sich dabei um ungefähr 80°C abkühlen. Auch 10 Liter Bier könnten sich zusammen mit 1 kg Eis um etwa 8°C abkühlen.

Aber wer will schon sein Bier mit Eis verdünnen – Craftbeer on ice?

James Bond vielleicht: „A pint of beer on the rocks, please." – Aber gerührt.

Vielleicht sagt dazu Mr. Bean: „Beer must be clean."

Rudi sagt: „Für die Würzekühlung gibt es kein besseres Kältemittel als Eiswasser!" Es lässt sich einfach pumpen, bei Undichtigkeiten passiert nicht viel, denn Eiswasser ist sauber, vor allem ungiftig. Und bei einem Defekt der Würzepumpe passiert auch nicht viel, der Würzekühler wird nicht einfrieren...

Wenn also der Wetterbericht voraussagt, dass die Temperaturen mehrere Tage und Nächte unter *minus 3°C* bleiben, dann würde sich die Inbetriebsetzung einer **maschinellen Eisgalgen-Anlage** (siehe nachstehende **Skizze V.1**) rentieren. Und falls es der Winter gut mit uns nördlichen Bewohnern meint, dann entstehen an der maschinellen Eisgalgen-Anlage womöglich 120 m³ Eis. Das reicht für eine Brauerei mit beispielsweise 25.000hl/a natürlich auch nicht weit. Dennoch steckt darin rund 5.000 kWh nutzbare Energie zur Würzekühlung...

Nutzen wir sie?! – dann gibt es auch mal wieder Winter, die doppelt so viel verfügbare „Kühl-Energie" bringen. Natürlich wird das erzeugte Eiswasser nicht komplett nutzbar sein, denn Rest-Verluste sind naturbedingt, wie es naturbedingt eben auch Winter gibt, die kaum Eis-Kälte bringen. Und deshalb muss die *Kälteanlage* für die alleinige *volle* Kälteleistung ausgelegt sein – leider. Die Kälteanlage „lädt" den womöglich schon vorhandenen Eiswassertank über Nacht auf, wenn nachts der Würzekühler ruht. Dadurch werden tagsüber die „Stromspitzen" gekappt. Was die Stromspitzen angeht, – hier käme nun der Eisspeicher einer „maschinellen Eisgalgen-Anlage" ins Spiel. Sein Eiswasser wird in den Eiswassertank gepumpt, falls notwendig auch tagsüber. So hält sich die Temperatur im Eiswassertank auf unter 4°C, wodurch die Temperaturschichtung erhalten bleibt – entsprechend der

Dichte-Tabelle von reinem, luftfreiem Wasser in kg/m³ bei Normaldruck
(101300 Pa = 1013 mbar)

Die Tabelle wurde am 31.07.04 um einige Zwischenwerte erweitert und die bisherigen Werte ggf. leicht korrigiert nach aktuelleren Werten der PTB in Braunschweig.

Temp. [°C]	0	0	1	2	3	4	5	6	7
Dichte [kg/m³]	918 Eis	999,84	999,90	999,94	999,96	999,97	999,96	999,94	999,90

Die Tabelle zeigt, dass Wasser sowohl bei 1°C, als auch bei 7°C dieselbe Dichte hat. Auch bei 2°C und 6°C hat Wasser dieselbe Dichte, nur mit anderem Dichte-Wert; oder auch bei 3°C und 5°C, wiederum mit anderem Dichte-Wert.

Es ist also unbedingt darauf zu achten, dass die Eiswasser-Temperatur im Eiswassertank nicht über 4°C ansteigt. Weil eben dadurch die Eiswasser-Schichtung erhalten bleibt – unten 4°C und oben 0,5°C.

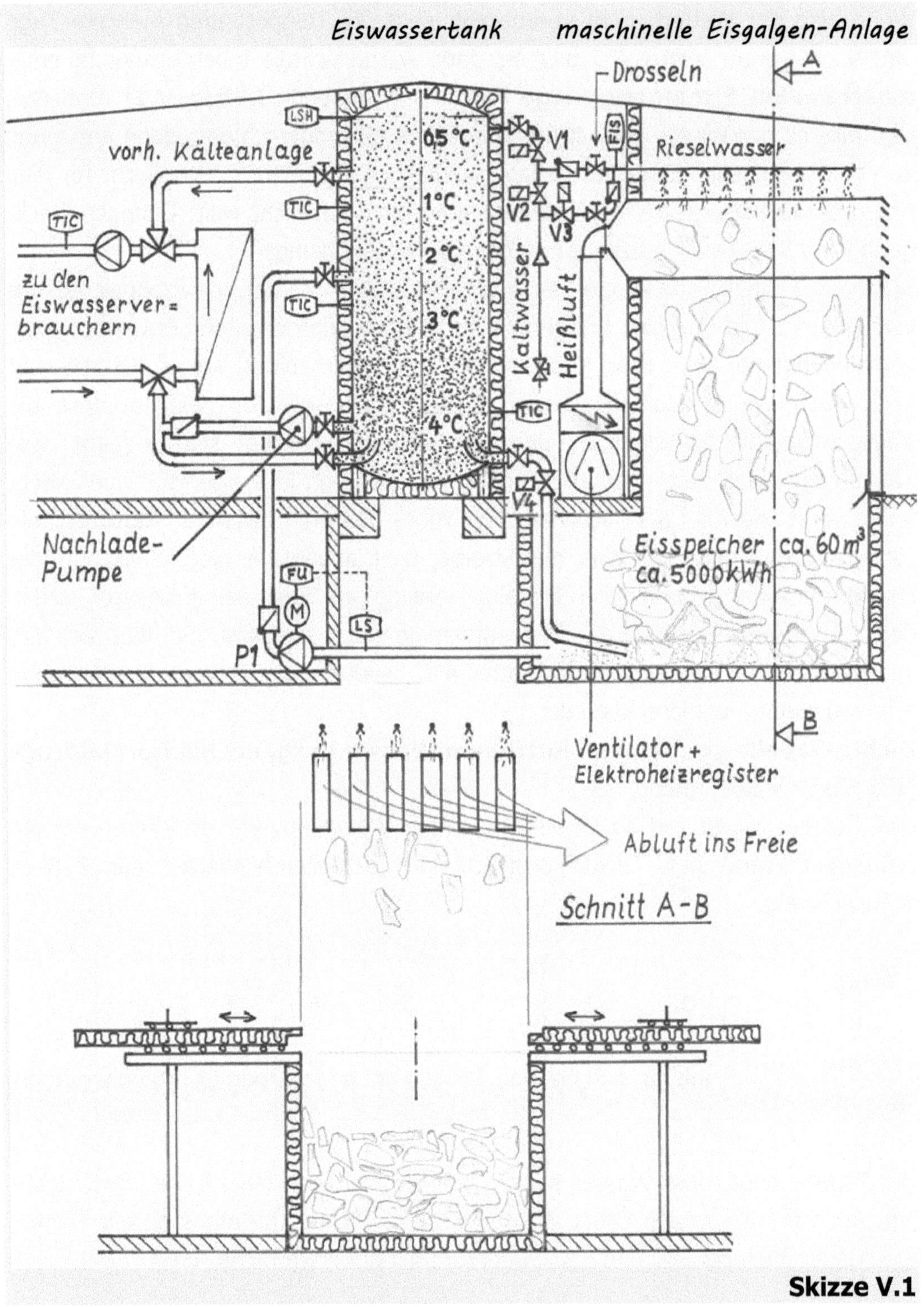

<u>Der Eisspeicher und seine Funktionen</u>

Der Eisspeicher ist ein isolierter, womöglich eckiger, abgedeckter Edelstahlbehälter mit beispielsweise 60 m³ Inhalt. Über dem Behälter sind in Reihe Blechkanäle mit lichtem Querschnitt von etwa 80 mm x 800 mm aufgehängt – quasi am Eisgalgen. Eisspeicher und Eisgalgen sind unter Dach vor Regen und Sonne geschützt. Sämtliches Material *muss* aus Edelstahl sein.

Bei Außentemperaturen unter minus 3°C wird aus dem Eiswassertank über die Rohrleitung und Ventil „V1" Rieselwasser entnommen, sofern die Vollmeldesonde „LSH" vom Wasser bedeckt ist. Ansonsten kommt das Rieselwasser aus dem Kaltwasser-Anschluss und Ventil „V2". Das Rieselwasser rieselt nun über die Blechkanäle und gefriert. Sobald das Eis 10 mm Dicke erreicht – indirekt bestimmt vom Wassermengenzähler „FIS", schaltet das Elektro-Heizregister ein und gleich danach der Ventilator. Durch den Heißluftkanal und durch die Blechkanäle wird nun Heißluft geblasen, bis das Eis seinen Halt verliert und in den Eisspeicher fällt.

Nachdem auf diese Weise etwa 1 Woche lang eine bestimmte Menge Eis geerntet wurde, kann nun Eiswasser erzeugt werden. Dazu öffnet das Kaltwasserventil „V3". Somit fließt Kaltwasser über die Blechkanäle in den Eisspeicher, sickert durch den Eisbruch und schmelzt das Eis. Nach einer bestimmten Menge, gemessen vom Wassermengenzähler „FIS", wird der Wasserfluss unterbrochen und nach gegebener Zeit wieder aktiviert. Nun schaltet die Frequenz-gesteuerte Eisspeicher-Pumpe „P1" ein. Sie pumpt Eiswasser von höchstens 1°C in den *drucklosen* Eiswassertank, bis die Vollmeldesonde „LSH" mit Wasser bedeckt ist; natürlich bleibt über der Vollmeldesonde noch zusätzlich befüllbarer Raum. Die Eisspeicher-Pumpe „P1" schaltet verzögert aus, wenn die Vollmeldesonde „LSH" anspricht, wenn aber der Trockenlaufschutz „LS" anspricht, schaltet sie sofort aus.

Zum Eisschmelzen könnte alternativ auch das Rückströmventil „V4" für ein paar Sekunden geöffnet werden, falls die Vollmeldesonde „LSH" schon überflutet ist. Und falls die Temperatur im unteren Bereich des Eiswassertanks (TIC) irgendwann mal 4°C übersteigen will, kann auch das Rückströmventil „V4" geöffnet werden. Somit wird das zu warme Wasser in den Eisspeicher verlagert. Nach einer Wartezeit von beispielsweise 1 Stunde wird das wieder zu Eiswasser gewordene Wasser zurück in den Eiswassertank gepumpt.

Vorstehende Funktionen werden so oft wiederholt, bis die Eis-Saison vorbei ist. Hoffentlich dauert die Eis-Saison mindestens 2 Monate…

Soll man nun wirklich dem Klima zuliebe in derlei Anlagen investieren?

In diesen unsicheren Zeiten?

- Eine maschinelle Eisgalgen-Anlage kostet erst mal viel Geld…

- Sie sollte schon was bringen…

- Rausgeschmissenes Geld will sich niemand leisten, – eine Brauerei kann's nicht…

Am besten erkundigt man sich bei den regionalen Wetterwarten, wie viel Eistage/Eisnächte es in den vergangenen Jahren gegeben hat. Sicherlich gibt es Landstriche, wo die Winter etwas länger dauern und die Durchschnitts-Temperaturen niedriger sind als anderswo. Und auch dort gibt's noch Brauereien.

Sicher ist nur:

Wenn die Kälteanlage weniger leisten muss, dann wird sie auch weniger Kosten verursachen. Aber vor allem wird sie viel weniger Abwärme erzeugen. Vielleicht werden die Winter dann wieder kälter und das Eis dicker – und der Geldbeutel…

VI. Die nutzbare Wärmeenergie aus dem Würzekühler

Eine Brauerei mit 25.000 hl/a hat z.B. folgenden Sudhaus-Ablauf:
50 hl Würze-Ausschlagmenge, – 2 Sude täglich, – 5 Sudtage pro Woche. Natürlich kommt auch in dieser Brauerei das wertvolle Produkt des Biersiedens, die Heißwürze, aus dem Sudhaus und dann sofort in den Würzekühler. Der ist so konstruiert, dass der heißen Würze kaltes Brauwasser entgegen strömt. Infolgedessen geht die Wärmeenergie aus der Heißwürze in das kalte Wasser über und macht daraus heißes Brauwasser. Der Würzekühler muss so beschaffen sein, dass ausreichend heißes Brauwasser für den nachfolgenden Sud bereitgestellt wird, und zwar mit einer Temperatur von mindestens 82°C. Falls 3 Wassertanks an der Würzekühlung beteiligt sind, dann sind zwei Tanks direkt für die Würzekühlung zuständig. In einem ist Eiswasser und im anderen 10°C bis 12°C kaltes Brauwasser. Aber in den dritten Tank kommt das im Würzekühler erzeugte 82°C heiße Brauwasser. Man braucht es ja an den 5 Sudtagen zum Einmaischen und zum Anschwänzen. Womöglich sollte sogar noch ein weiterer Tank hinzukommen, und zwar für warmes Brauwasser von ca. 72°C.

Das heiße Brauwasser von 82°C wäre nämlich auch zur Kurz-Zeit-Erhitzung (KZE) geeignet, da die Pasteurisationstemperatur für untergäriges Bier 72°C und für obergäriges Bier 75°C beträgt. Die Temperaturdifferenz wäre also dafür gerade noch ausreichend groß. Und falls die Idee umgesetzt wird, eine KZE zu installieren, und diese mit dem 82°C heißen Brauwasser zu betreiben, dann fällt eben warmes Brauwasser von ca. 72°C an. Klar, weil das 82°C heiße Brauwasser seine Wärme an das Bier überträgt und sich dadurch auf ca. 72°C abkühlt.

Aber wofür soll dieses 72°C warme Brauwasser gut sein?
Vielleicht hat man in der einen oder anderen Brauerei schon überlegt, wie man mit dem dauernd erzeugten 72°C-Warm-Brauwasser umgeht, falls eine KZE mit 82°C Heiß-Brauwasser betrieben wird. Nun, beim *Einmaischen* könnte man doch mit dem warmen Brauwasser die Maische sozusagen „anbrühen"…
Für diesen Zweck muss die vorhandene Sudhaus-Wasser-Anlage extra angepasst werden, damit sowohl die separate Aufheizung des 82°C-Heiß-Brauwassertanks, als auch die separate Aufheizung des 72°C-Warm-Brauwassertanks ermöglicht wird. Diese Funktionen sind ohnehin erforderlich, weil das heiße Brauwasser für den letzten Sud vor der Sudpause womöglich vollkommen aufgebraucht wurde. Sicherlich ist es nun aber kalt. Infolgedessen müssen nach einer Sudpause die unterschiedlich Temperatur-gebundenen Brauwässer erst mal erhitzt werden…

Für die Aufheizung am Wochenende ergibt sich folgender Ablauf:

1. Erhitzung von 44 hl Brauwasser auf 72°C

2. Erhitzung von 62 hl Brauwasser auf 82°C

Und weiter am Montag:

1. Kochprozesse für gesamt 100 hl Ausschlagwürze

2. Würzekühlung – 110 hl Brauwasser kommen mit 82°C aus dem Würzekühler

3. Anfahren der KZE nach dem 2. Sud

Und dann in der Nacht von Montag auf Dienstag:

- Bei der Pasteurisierung von 100 hl Bier hat die KZE 110 hl Warm-Brauwasser von
  ca. 72°C erzeugt (Wärmeabgabe vom 82°C Heiß-Brauwasser).
- Von diesen täglich erzeugten 110 hl – nun im 72°C Warm-Brauwassertank,
  müssen immer 62 hl von 72°C wieder auf 82°C erhitzt und in den 82°C Heiß-
  Brauwassertank gepumpt werden, und zwar in jeder Nacht bis Freitag.
- Von den restlichen 48 hl mit 72°C braucht man 44 hl (4 hl bleiben übrig)

zum täglichen Einmaischen eines Sudes mit 55 hl Gesamtmenge

(je 5hl in Nasstrebern und Ausdampfung enthalten).

- Im ersten Schritt maischt man das geschrotete Malz im 55°C warmen
  Brauwasser ein. Die Brauwassermenge entspricht 8,5/55 vom Sud.
- Nach ca. 40 Minuten Eiweißrast „brüht" man die Maische an, aber nun mit dem
  72°C warmen Brauwasser. Die Menge entspricht wieder 8,5/55 vom Sud.
- Daraufhin nimmt die Maische eine Mischtemperatur von ziemlich genau 63°C an.
- Nach ca. 40 Minuten Maltoserast wird die Maische mit 82°C heißem Brauwasser
  angebrüht. Die Menge entspricht rund 8,5/55 vom Sud.
- Die Maischetemperatur hat nun 72°C.
- Nach Ablauf von weiteren 40 Minuten Verzuckerungsrast wird die Maische in den
  Läuterbottich gepumpt, wo die Vorderwürze abgezogen wird.
- Dann wird mit 79°C heißen Brauwasser angeschwänzt. Die Menge macht ca.
  29,5/55 des Sudes aus.
- Nach dem Abläutern ist die gesamte Sudmenge in der Würzepfanne.

Die Brauwassermengen für den 50 hl Ausschlag-Sud

zum Anbrühen im Maischebottich		für den Nachguss im Läuterbottich	
12°C Kalt-Brauwasser	2,0 hl	72°C Warm-Brauwasser	7,0 hl
72°C Warm-Brauwasser	15,0 hl	82°C Heiß-Brauwasser	22,5 hl
82°C Heiß-Brauwasser	8,5 hl	Nachguss-Mischmenge	**29,5 hl**
Maischemenge	**25,5 hl**		

Falls das *Einmaischverfahren* der „KZE-Idee" angepasst würde, dann wäre der tägliche Bedarf an verschieden temperierten Brauwässern wie folgt:
12°C Kalt-Brauwasser 4,0 hl, 72°C Warm-Brauwasser 44,0 hl,
und 82°C Heiß-Brauwasser 62,0 hl (**siehe Ablaufschema VI.1**)

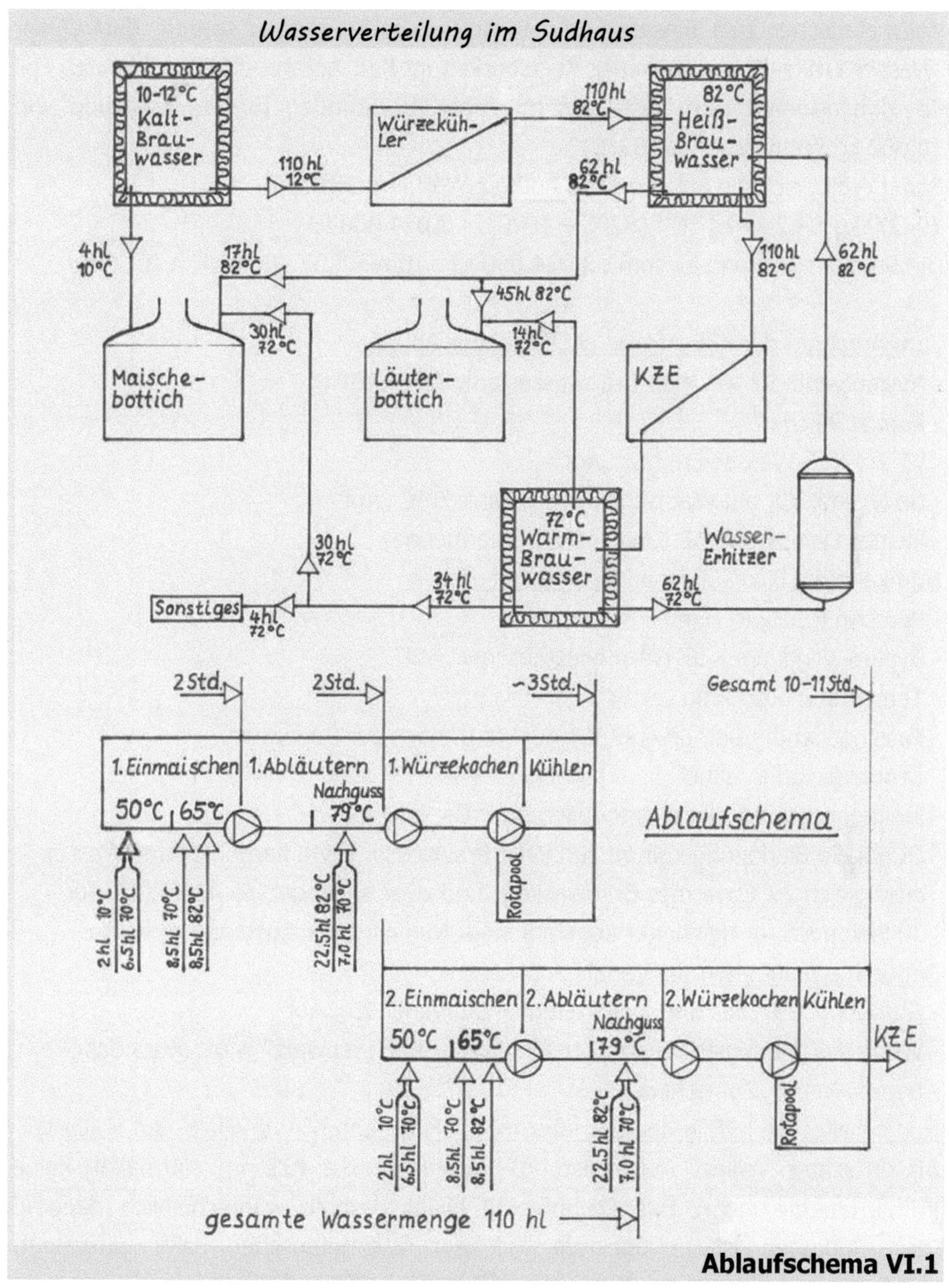

Also stehen nach der täglichen Würzekühlung 110 hl 82°C-Heiß-Brauwasser für den KZE-Betrieb bereit. Damit könnte die gesamte Biermenge Kurz-Zeit-erhitzt werden, und zwar normalerweise ohne Zuschaltung eines Wärmeerzeugers. Es würde sich deshalb anbieten, die KZE nach jedem zweiten Sud anzufahren…

Falls zur Aufheizung der Brauwässer und für den KZE-Anfahrbetrieb derselbe Wärmetauscher zum Einsatz kommen soll – um Kosten zu sparen, darf dieser „Wasser-Erhitzer" wegen seiner Regelbarkeit im KZE-Anfahrbetrieb auf keinen Fall überdimensioniert sein. Also gibt man ihm 10 Stunden für die Erhitzung von 10.000 kg Brauwasser auf 82°C.

Somit ergibt sich die erforderliche Aufheiz-Wärmemenge:

10.000 kg · 4,2 kJ/kg °C · (82°C − 10°C) = 3.024.000 kJ

Die Stunden-Leistung ist somit 3.024.000 kJ : 10 h = 302.400 kJ/h $\triangleq$ 83,7 kW

<u>Zum Anfahren der KZE-Anlage gilt folgender Ablauf:</u>

- Auslaufventil V3 am Heiß-Brauwassertank 82°C „Auf"

- Pumpe P4 „Ein"

- V5 am KZE-Wasser-Erhitzer „Auf"

- Gullyventil $V9_1$ am Warm-Brauwassertank 70°C „Auf"

- kleines Dampfventil V_1 „Auf" (1/6 Dampfmenge)

<u>Nun kann die Bier-Zufuhr angefahren werden:</u>

- Pumpen P_1, P_2, P_3 „Ein"

- Bypass-Ventil am KZE-Wärmeaustauscher „Auf"

- Temperatur-Regelung „aktiv"

- Falls notwendig Dampfventil V_2 „Auf" (z.B. nach der Sudpause)

- Druckregelung „aktiv"

- Mengenregelung „aktiv" (modulierender Betrieb)

- Durch die Bierleitung kommt zunächst Brauwasser (evtl. karbonisiertes Wasser oder gleich 72°C warmes Brauwasser), und zwar so lange, bis 72°C/75°C für 30 Sekunden im Heißhalter konstant sind. Nun wird der Austauscher warm.

<u>Dadurch schalten nun die Ventile:</u>

- Gullyventil $V9_1$ „Zu" und gleichzeitig Einlaufventil $V9_2$ „Auf"

- Wenn das Schauglas SG am Bier-Einlauf der KZE „schwarz" wird, muss das

- Bypass-Ventil „Zu" gehen.

<u>Nun schaltet die KZE in den Betriebsmodus „Hochfahren" (von Halb- auf Volllast)</u>

Ab erreichter Volllast (Nennleistung) verbraucht die KZE im Normalfall keine Primär-Energie mehr. Das Dampfventil bleibt deshalb wahrscheinlich dauernd „Zu". Indessen ist in unserem Fall der Wärmetauscher dafür ausgelegt, mindestens 60 hl/h um ca. 12°C oder 100 hl/h um 7°C aufzuheizen…

kaltes Brauwasser
TIC
TIC
V8
V9₂
V9₁
V7
Kalt Brau-wasser 12°C
Warm Brau-wasser 72°C
Heiß Brau-wasser 82°C
LSH
LSM
LSL
LSH
LSM
LSL
LSH
LSM
LSL
V4
V3
70/82°C
82°C
72°C
P5
P4
Dampf
V1
V2
V6
V5
Eiswasser oder Sole
Kondensat
PIC
Würze 93°C
14°C
Würzekühler
zum Gärkeller 10°C
zum Maische-bottich
zum Läuterbottich
Wasser-Erhitzer
Bypass
P3
KZE
TIC
82°C
zum Kühler bzw. Füller
~10°C
SG
P1
P2
Bier 2 bis 5°C
FIC
SIC
PIC
TIC
Heißhalter
72°C

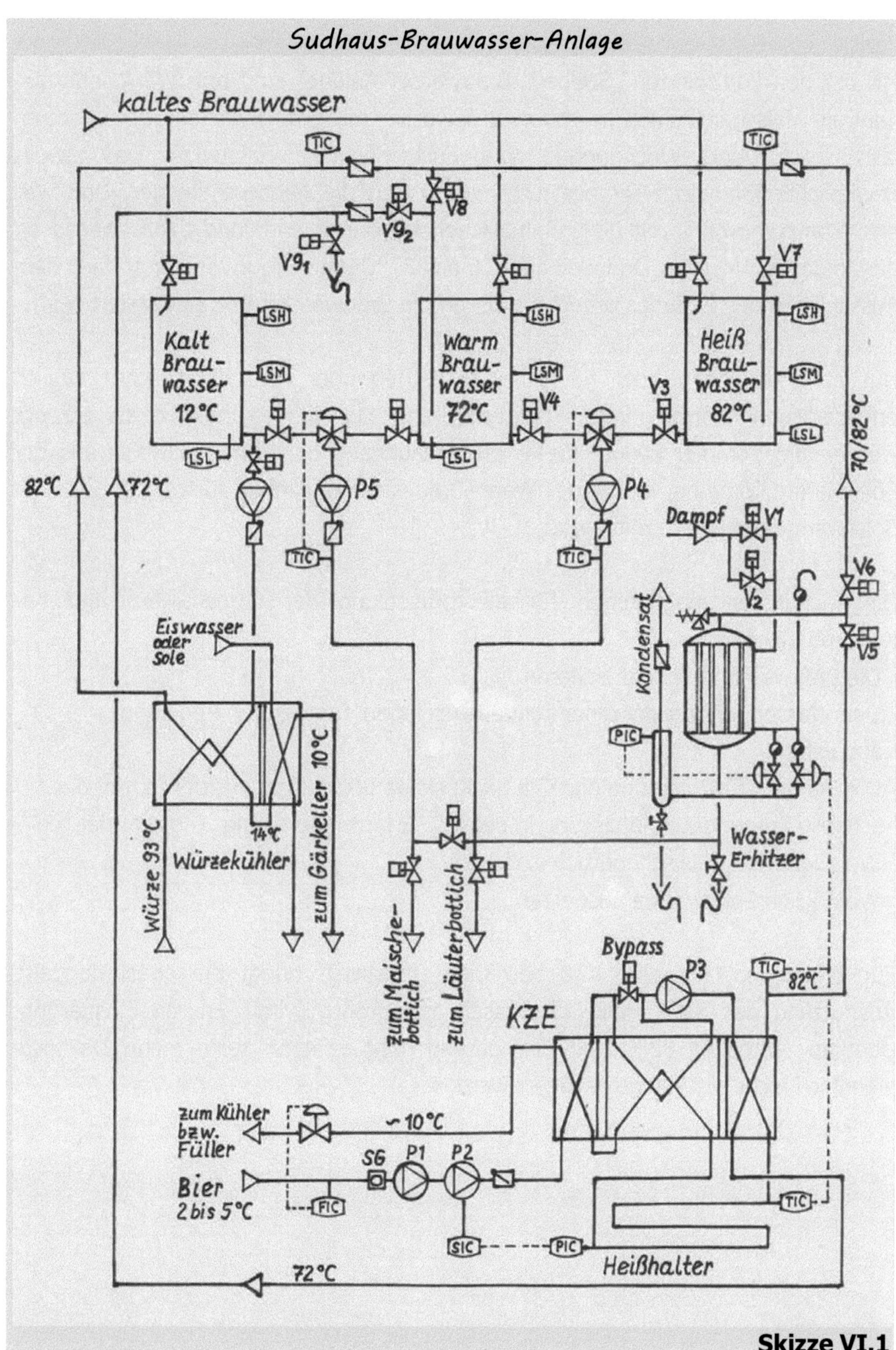

Skizze VI.1

<u>Fazit:</u>

Mit der neu konzipierten „Sudhaus-Brauwasser-Anlage" sind nun Wärmeenergie-neutrale Maischen/Rasten machbar. Brauwässer mit erforderlichen Temperaturen lassen sich übers Wochenende oder auch nachts bereitstellen. Das jeweils gewünschte Einmaisch-Temperaturniveau stellen die Mischventile her. Und weil erst Montagmorgens mit dem Einmaischen begonnen wird und dann ebenso an den folgenden Morgen, und weil die KZE das 82°C Heiß-Brauwasser erst nach dem Ausschlagen des 2. Sudes braucht, müssen die Brauwassertanks gut isoliert sein!

Nur etwa die Hälfte, der für den KZE-Betrieb oder zum Einmaischen täglich erforderlichen Wärmemenge – entsprechend Sichtweise, muss extra erzeugt werden. Im Sommer könnte dieser Energieaufwand ganz oder teilweise aus der Solarwärme kommen, indem der Warm-Brauwassertankinhalt für den 2. Sud mit Solarwärme auf 82°C erhitzt wird.

<u>Die wichtigsten Maßnahmen</u> für die Umsetzung der vorgestellten Anlagen-Konzeption:
- Die Brauwassertanks gut isolieren
- Den Wasser-Erhitzer mit einer kondensatseitigen Temperatur-Regelung
  ausrüsten
- Die Temperatur-Regelung der KZE als Kaskaden-Regelung ausführen, um die
  schnelle Temperatur-Anpassung in der KZE-Erhitzer-Abteilung zu gewährleisten
- Womöglich den Maischebottich isolieren
- Womöglich Solarwärme ausnutzen

Für Brauereien, die eine KZE betreiben (müssen), bringt die quasi doppelte Ausnutzung des 82°C Heiß-Brauwassers die größte Primär-Energie-Einsparung. Überkapazitäten an 82°C Heiß-Brauwässern gibt es dann keine mehr. Da sollte eigentlich nicht allzu lange gezögert werden.

Schwandminderung und Qualitätsverbesserung

VII. Verlorenes Bier ist doppelter Verlust

Es gibt Arbeiten, die bringen zweifachen Lohn:

Einerseits Geld – wovon man lebt, anderseits Freude und Befriedigung – sollte das Werk gelingen. Wohl dem, der solch Beruf gewählt, so den Beruf der Brauerin/des Brauers. Indessen ist jeder Beruf an Bedingungen geknüpft und an Zwänge gebunden, manche gehen einem auch mal ans Gemüt. So wie jenem Bauer, der einen Teil seiner Früchte unterpflügen muss. Ihm bleibt gar nichts anderes übrig, weil er nur die schönen, die unbefleckten Früchte in den Handel bringen kann. Dabei hat er doch für jede Frucht gleichviel Arbeit abgeleistet, genauso viel Sorgfalt aufgewendet, Energie hineingesteckt und Geld ausgegeben. Da wäre es doch sinnvoll, derlei zunächst unverkäufliche Früchte irgendwie aufzuarbeiten, um sie dann dennoch als wertvolle Nahrung in den Handel zu bringen. Manchmal haben auch Brauerinnen und Brauer ähnliche Probleme. Da fallen Biere an, die zunächst quasi verloren sind. Es sei denn, man bereitet sie wieder auf und macht sie so zum wertvollen Zuwachs im Herstellungsprozess. Dadurch wird das Abwassersystem entlastet, aber vor allem wird der Schwand merklich minimiert.

Auch in unserer Beispiel-Brauerei gibt es solche Biere:

Hefebiere aus dem Erntehefe-Überschuss, aber vorwiegend Vor- und Nachläufe aus der Filtration.

Und falls diese Biere wieder in den Bier-Herstellungsprozess kommen, dann spricht man von **W**ieder-**A**ufbereiteten-**P**rozessbieren (WAP). Wie viel davon anfällt, lässt sich nur ungefähr bestimmen, weil die Volumina an eigene Bedingungen geknüpft sind. Zum Beispiel sind die Hefebiere quasi in einem Brei aus Hefe versteckt. Und dieser Brei ist nicht immer gleich, weil sich die Hefen mal stark oder mal weniger stark vermehrt haben. Bei einem 500 hl-Ausstoß pro Woche beträgt die Hefeernte ungefähr 40 hl, worin ungefähr 10 hl Jungbier enthalten sind. Wenn aber die Erntehefeleitung überdimensioniert ist, dann kann unter Umständen auch die doppelte Menge Jungbier zusammen mit der Erntehefe anfallen. Auch die Geschwindigkeit spielt bei der Hefeernte eine große Rolle…

Hier gilt:

„Gut Ding will Weile haben."

Anders gesagt:

„Wem es nicht schnell genug geht, der hat mehr Schwand."

Also lässt man der Hefe genügend Zeit, um durch die passende Rohrleitung zu kriechen. Somit bekommen wir bei 50 Sudwochen 50 · 10 hl = 500 hl Hefebier.

Mit einer einfachen Hefebier-Aufbereitungs-Anlage lassen sich bestimmt 250 hl Hefebier rückgewinnen (siehe **Skizze VII.1**).

Also kann festgestellt werden:

Vom Jahresausstoß macht das rückgewonnene Hefebier mindestens 1% aus.

„Erst mal besser als nix!"

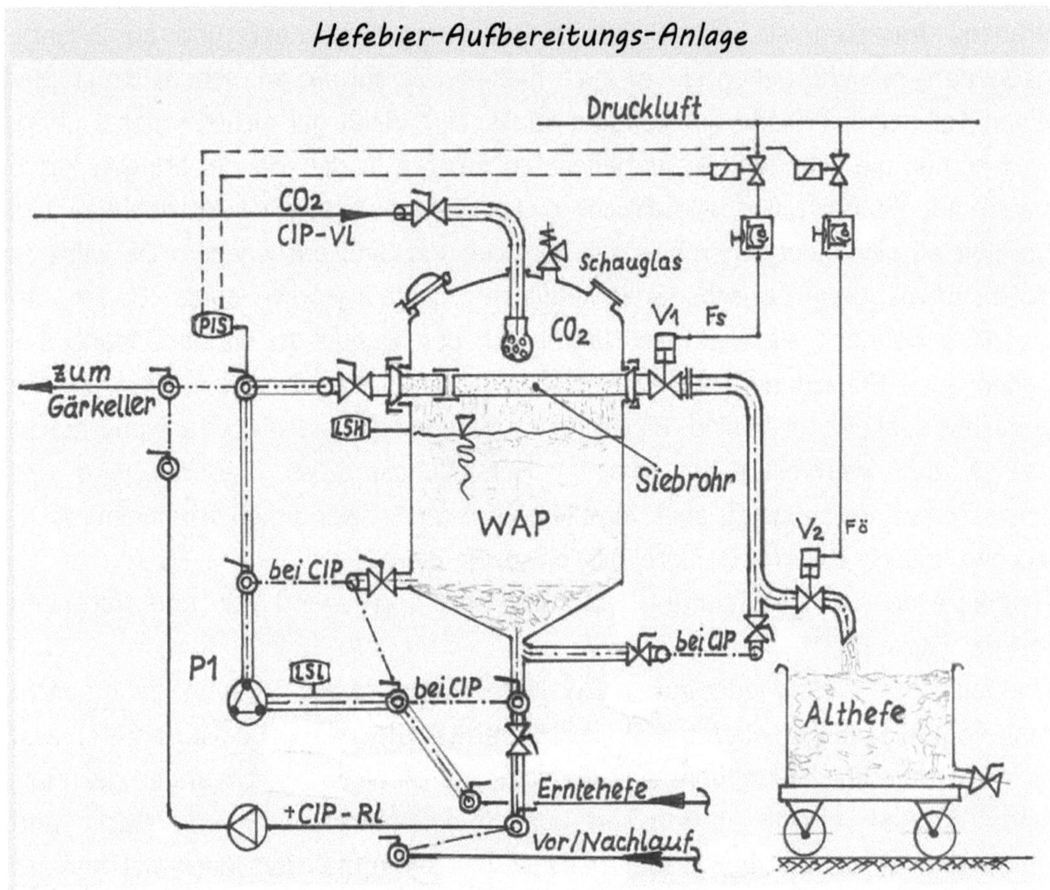

Die Pumpe P1 ist eine Impellerpumpe

Die Ventile V1 und V2 sind Membranventile

Der Inhalt zwischen V1 und V2 ist gleich dem Siebrohr-Inhalt

Funktion des WAP-Auspress-Intervalls

- Pumpe P1 Ein
- PIS öffnet bei Überdruck Ventil V1 (Feder schließend) und schließt Ventil V2 (Feder öffnend) und schaltet die Pumpe P1 „Aus"
- Intervall-Ende
- Wartezeit ca. 5 bis 10 Sekunden, danach wird der Intervall wiederholt
- LSH gibt das Signal „Voll" raus und beendet die Funktion
- LSL gibt das Signal „Leer" raus und beendet die Funktion

Skizze VII.1

Wenn zum ausgepressten Hefebier die *Vor- und Nachläufe* dazukommen, dann sieht's ganz anders aus. Vor- und Nachläufe machen insgesamt etwa 10 % der Stundenleistung des Kieselgur-Filters aus – sagt man. In unserer Beispiel-Brauerei wird die voraussichtlich wöchentliche Abfüllmenge von 500 hl an zwei Tagen filtriert. Der Filter hat eine Stundenleistung von 30 hl. Also fallen in jeder Woche rund 50 hl Vor- und Nachläufe an, somit jährlich ungefähr 50 · 50 hl = 2500 hl.

Nun stellen sich aber unweigerlich die Fragen:
- Wohin mit dem Hefebier?
- Was geschieht mit den Vor- und Nachläufen?
- Womöglich zurückgeben in den Sudprozess?
- Oder doch lieber dem Gärprozess zuführen?
- Also nochmals Energie hineinstecken, obwohl diese Biere schon mal gekocht
  und gekühlt wurden?

Zu diesen Fragen haben Professoren mögliche Lösungen vorgeschlagen.
Einer der Vorschläge lautete:
<u>„Den Filter mit filtriertem Bier anschwemmen!“</u>
Diese Verfahrensweise wäre ideal, weil es dann keine Vorläufe gibt. Aber nicht jede Filtration gelingt immer, insbesondere nicht jede Anschwemmung. Vielleicht hat man in einer Brauerei diese Verfahrensweise schon mal ausprobiert? Gehört hat man aber bisher davon noch nichts…

<u>Den Filter mit dem Nachlauf anschwemmen</u>, wird in einigen Brauereien gemacht. Das Problem der dennoch stattfindenden Oxidierung zu Beginn der Filtration wird minimiert, indem ein großer Teil des Vorlaufs oder der ganze Vorlauf verworfen wird. Mit dieser Methode des Anschwemmens wird der gewünschte Alkoholgehalt früher erreicht. Naturgemäß fallen somit eben nur kleinere Mengen wiederaufbereitete Prozessbiere an. Wenn jedoch immer der gesamte Nachlauf zum Anschwemmen verbraucht und danach als Vorlauf verworfen wird, dann hat sich das Thema „Wieder-Aufbereitete-Prozessbiere“ (WAP) erledigt.

Ein Tank zur Aufbewahrung des Nachlaufs ist trotzdem notwendig!

Indessen muss gerade auch bei dieser Verfahrensweise, nämlich mit dem Nachlauf anschwemmen, die biologische Sicherheit bedacht werden. Die Nachläufe sind ja verwässerte Biere. Durch das Ausschubwasser sind sie dem Sauerstoff oder sonstigen mitgeführten Stoffen im Trinkwasser ausgesetzt. Und weil insbesondere ihr Alkoholgehalt niedrig ist, sollten die Nachläufe nicht mehrere Tage bis zur nächsten Filtration aufgehoben werden…

Es wäre in jedem Fall besser, den Filter mit Wasser anzuschwemmen und die Vor- und Nachläufe so bald wie möglich in mehrere Gärtanks aufzuteilen, wo die Würze schon lebhaft gärt. Dort schadet der schwache Alkohol der Hefe kaum, weil er in kleineren Chargen zugeführt wird. Somit hemmt er auch die Gärung nicht. Auch der etwaig zusätzlich hineingeführte Sauerstoffanteil wirkt sich nicht nachteilig auf die Gärung aus. Bedenken hinsichtlich biologischer Unsicherheiten zerstreuen sich während der fortschreitenden alkoholischen Gärung oder lösen sich nach der Probeentnahme auf. Die Verdünnung der Würze muss durch stärkeres Einbrauen schon im Voraus ausgeglichen sein. Dadurch ist auch die Energiebilanz quasi ausgeglichen. Der größeren Kühlleistung im Lagerkeller, wegen der im Jungbier nun enthaltenen Vor- und Nachlaufmengen, steht die eingesparte Kälteenergie bei der Würzekühlung entgegen…

- Weil die Vor- und Nachlaufmengen nicht ins Sudhaus zurückgeführt werden,
- aber vor allem, wegen des stärkeren Einbrauens.

Womöglich kommt einem hierbei „high gravity brewing" in den Sinn?

Das mag sein, ist hier aber nicht zutreffend.

Wichtig ist hier die WAP-Regel – die lautet:

„Die Rückführung von wiederaufbereiteten Prozessbieren in den Bier-Herstellungsprozess gehört zum guten Brauer-Handwerk!"

Tja, dann wären die Vor- und Nachläufe also in den Gärtanks. Somit bleibt zukünftig gar nichts anderes mehr übrig, als den Filter eben immer mit Wasser anzuschwemmen, was sowieso empfehlenswert ist. Weil der Filter dann eben nicht mit verwässerten, womöglich sogar biologisch unsicheren Bieren kontaminiert wird, wegen deren tagelanger Verweilzeit im Vor- und Nachlauftank. Diese Bedenken sind angebracht.

Biologie schläft ja nicht! – Hat Rudi genau so mal gehört.

Die in nachstehender **Skizze VII.2** dargestellte Filtrations-Anlage würde auch weiterhin die Anschwemmung mit Vor- und Nachläufen ermöglichen – für Ausnahmefälle oder für Optimisten. Aber dann kämen die Vor- und Nachläufe ja doch wieder ins Abwasser, wohin die WAP überhaupt nicht kommen sollten. Die WAP sollten bitteschön zurück in den Brauprozess. Aber beim Thema „Anschwemmung mit Wasser" kommt wieder das leidige Thema „Oxidierung" auf.

Was soll man tun?

Soll man sich also doch lieber eine Wasser-Entgasungsanlage leisten?

Man könnte es ja vorerst mal mit dem karbonisierten Wasser aus dem CO_2-Tank versuchen (siehe II. Kapitel). Womöglich ist das Problem dann gar keines mehr…

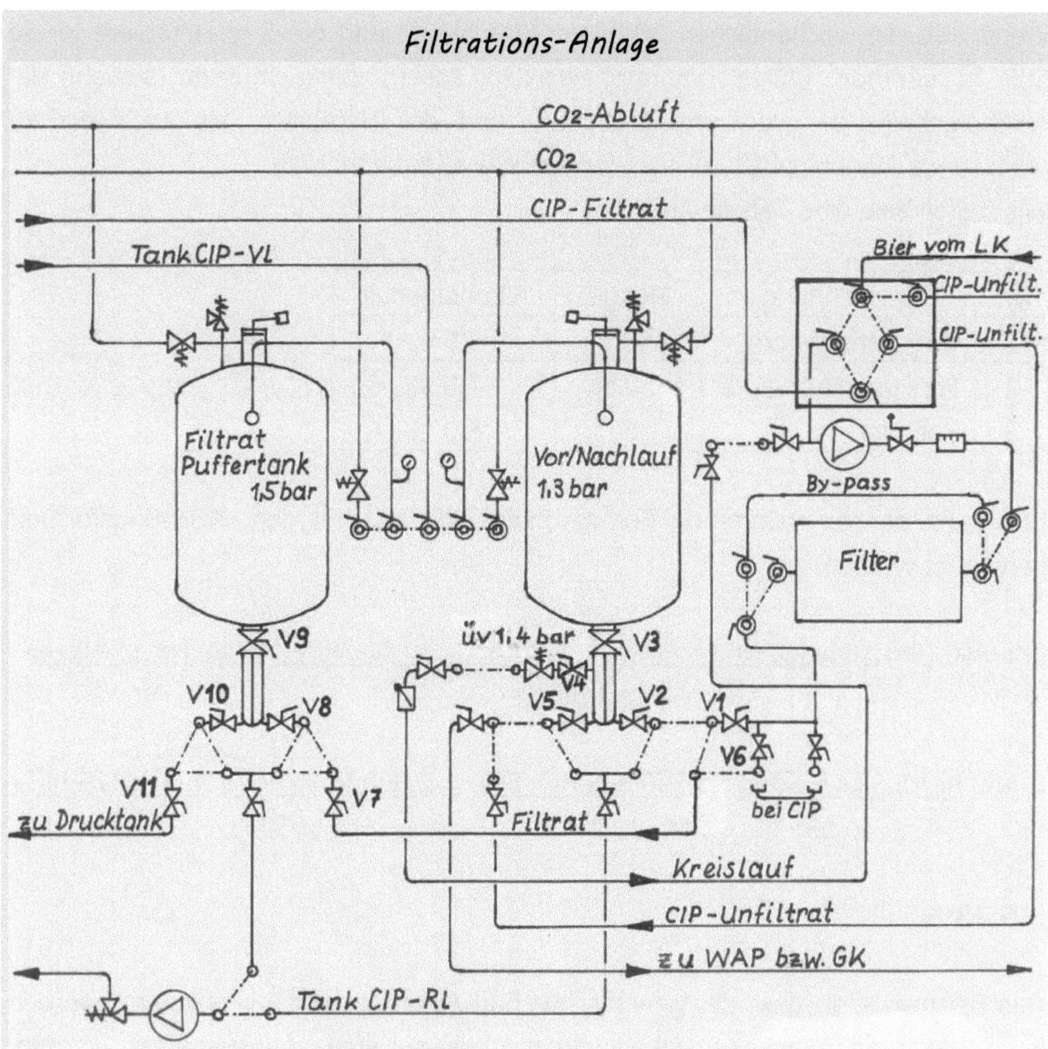

Bedienung des Vor/Nachlauf-Tanks bei der Filtration

Zum Ausschleusen des Vorlaufs sind die Ventile V1, V2, V3, V4 "Auf".

Der Kreislauf ist angekoppelt, die Ventile im Kreislauf sind "Auf".

Das Tankauslaufventil V5 muss "Zu" sein.

Sobald der Vorlauf ausgeschleust und im VL/NL-Tank ist, -V3 "schließen".

Somit erfolgt selbsttätig die Kreislauf-Aktivierung.

Nun die Ventile V7, V8, V9 am Filtrat Puffertank "öffnen",

dann das Ventil V6 nach dem Filter "öffnen" und <u>danach</u> V1 "schließen".

Somit wird der Filtrat-Puffertank befüllt. Zum Befüllen der Drucktanks

die Ventile V10 und V11 am Filtrat Puffertank "öffnen".

Entleerung des Vor/Nachlauf-Tanks:

Tankauslaufventil V5 an Dosierleitung zur WAP-Anlage bzw. zum

Gärkeller ankoppeln, dann V3 und V5 "öffnen".

Skizze VII.2

Wenn also die wöchentlichen 50 hl Vor-/Nachläufe und die 5 hl Hefebiere in die 500 hl gärende Würze gepumpt werden sollen, dann müssen sowohl die Alkoholgehalte der Vor- und Nachläufe und der Hefebiere, als auch der zu erwartende Alkoholgehalt der vergorenen Würze bekannt sein.

Wir stellen also eine Tabelle auf:

Nr.	Bezeichnung	Menge	Alkoholgehalt
1	vergorene Würze	500 hl	5,6 %
2	Vor- und Nachläufe	50 hl	1,5 %
3	Hefebier	5 hl	5,0 %

Nun kann der zu erwartende End-Alkoholgehalt [%] mit der „Mischungsformel" berechnet werden:

$$\text{End-Alk. [\%]} = \frac{\text{Menge Nr.1} \cdot \text{Alk.\%} + \text{Menge Nr.2} \cdot \text{Alk.\%} + \text{Menge Nr.3} \cdot \text{Alk.\%}}{\text{Gesamtmenge}}$$

$$= \frac{500\ hl \cdot 5,6\% + 50\ hl \cdot 1,5\% + 5\ hl \cdot 5\%}{555\ hl} = \frac{2.800\ hl\ \% + 75\ hl\ \% + 25\ hl\ \%}{555\ hl}$$

= 5,23%

Das Beispiel zeigt, dass der gewünschte End-Alkoholgehalt nur bestimmt werden kann, wenn die Teilmengen-Alkoholgehalte bekannt sind, also gemessen wurden. Den End-Alkoholgehalt erzielt man durch Anpassung der Vor-/Nachlaufmengen und der Hefebiermengen. Diese Verfahrensweise ist praktikabel, sie hält auch den dafür notwendigen apparativen Aufwand überschaubar. Wegen des apparativen Aufwands könnte man ja auf die Idee kommen, die Vor- und Nachläufe direkt in die Gärtanks zu pumpen. Somit wäre der Vor- und Nachlauftank überflüssig? *Keinesfalls!*

Im Vor- und Nachlauftank müssen Vor- und Nachlauf einer Filtration Platz haben. Die von Anschwemmung und Filtration abhängigen, variablen Alkoholgehalt-Ströme werden bei der Befüllung des Vor- und Nachlauftanks gut vermischt. Und gerade deswegen erhalten auch die Gärtanks eine nachvollziehbare Vermischung. Der Vor- und Nachlauftank ist eine biologische, aber auch eine hydraulische Schleuse. Und natürlich verlangt der Umgang mit dem Vor- und Nachlauftank Aufmerksamkeit. Seine Druckhaltung muss vor allem selbstregelnd sein, und zwar durch die Installation von Druckminderer und Überströmventil.

Die spezielle Ausführung des Tank-Ein/Auslaufs ermöglicht, dass der Vor- und Nachlauftank nach der Ausschleusung des Vorlaufs vollkommen vom Filtrationsprozess abgekoppelt werden kann. Dadurch ist die Dosierung des Vorlaufs in die Gärtanks sogar während der Filtration durchführbar – falls gewollt. Diese produktseitige Situation erlaubt die biologisch sichere Umschaltung auf den nachfolgenden Filtrat-Puffertank oder Drucktank. Die Gefahr einer biologischen Verunreinigung des filtrierten Bieres besteht hier nicht (siehe **Skizze VII.3**).

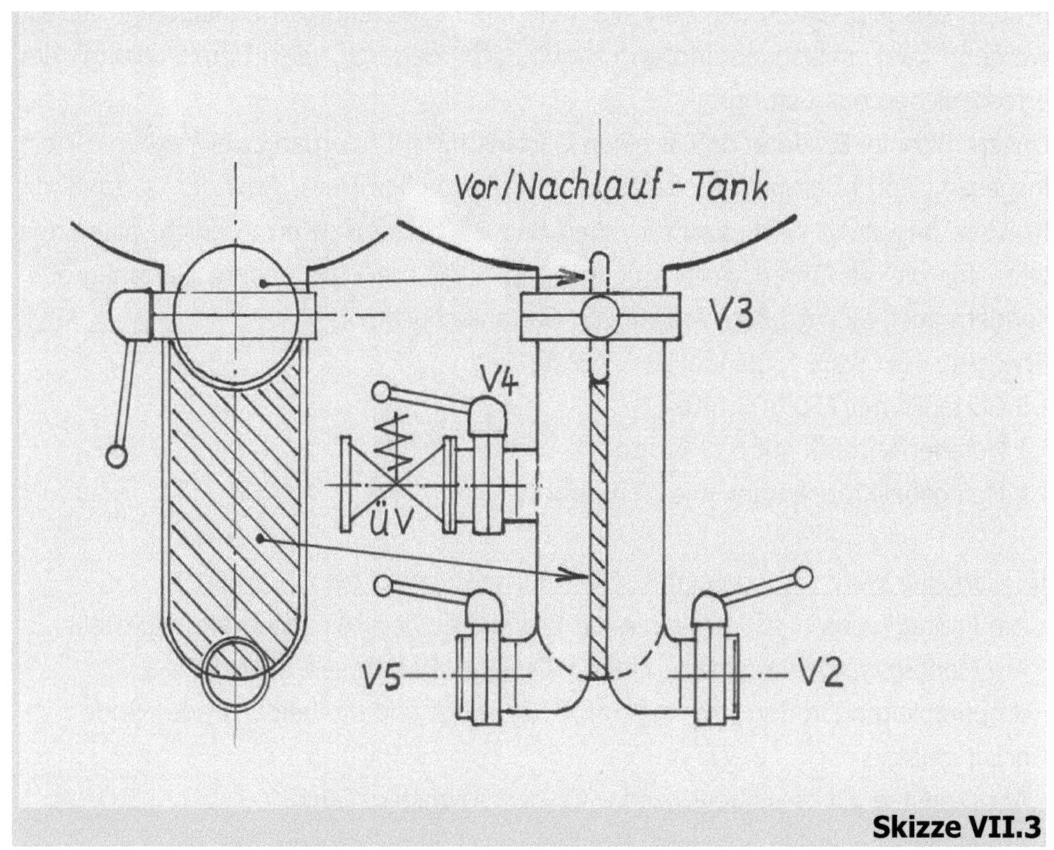

Skizze VII.3

VIII. Geht's der Hefe gut, wird's Bier gut

In jeder Brauerei gilt die Maxime:
„Die Qualität unseres Bieres muss erstklassig sein und bleiben." Also wird die Produkt-Qualität immerzu sichergestellt. Diese Regel wird nicht nur im Sudhaus angewandt, sondern ebenso unmittelbar nach der Würzekühlung – bei der Hefegabe. Hier ist die Vitalität der Hefe maßgebend fürs weitere Gelingen des Brauprozesses. Die Behandlung der Hefe essentiell, das wissen Brauerinnen und Brauer. Deshalb sollten der Hefe auch die lebensnotwendigen Bedingungen erfüllt werden; und selbstverständlich ergibt sich dadurch die Bereitstellung der erforderlichen Ausrüstung…

Unsere Beispiel-Brauerei befüllt einen Gärtank mit 4 Suden an zwei Tagen. Für die insgesamt 200 hl braucht es dafür ca. 5 hl dickbreiige Hefe. Falls der Gärtank mit Kräusen angestellt wird, sind für einen Sud 25 hl Kräusen erforderlich. Allerdings wäre für die Verfahrensweise <u>mit Kräusen</u> nicht nur eine andere Gärtankgröße, sondern auch eine größere Anzahl von Gärtanks nützlich.

Erwägenswert wäre folgende Tank-Aufstellung:
- 5 Gärtanks mit 250 hl Brutto
- 1 Hefeherführtank mit 6 hl Brutto
- 1 Hefegabe-Kräusentank mit 75 hl Brutto

<u>Im Gärkeller wäre die wöchentliche Arbeitsweise somit beispielsweise:</u>
- Am Freitag werden 100 hl Würze mit Erntehefe oder Reinzuchthefe angestellt.
- Am Montag werden aus dem „Freitag-Tank" 50 hl Kräusen über die Umpumpleitung in den „Montag-Tank" vorgelegt und die beiden Tages-Sude drauf gelassen.
- Am Dienstag gilt dieselbe Prozedur für den „Dienstag-Tank".
- Am Mittwoch werden aus dem „Montag-Tank" 50 hl Kräusen über die Umpumpleitung in den „Mittwoch-Tank" vorgelegt und die beiden Tages-Sude drauf gelassen.
- Am Donnerstag werden aus dem „Dienstag-Tank" 50 hl Kräusen über die Umpumpleitung in den Donnerstag-Tank vorgelegt und die beiden Tages-Sude drauf gelassen.

Beim Vorlegen über die Umpump-Leitung werden die Kräusen belüftet – vitalisiert. Diese Arbeitsweise kann auch beibehalten werden, wenn mit „Reinzuchtkräusen" angestellt wird. Und damit im Gärkeller nicht der ganze Arbeitsablauf durcheinander kommt, könnte man den „Freitag-Tank" ebenfalls mit „Reinzuchtkräusen" anstellen.

Auch <u>die Hefebehandlung</u> sollte an die neue Arbeitsweise angepasst werden (siehe nachstehende **Skizze VIII.1**):

Zur Reinzuchthefe-Herführung sind zwei Hefetanks vorgesehen. Einerseits der Herführtank und anderseits der Hefegabe-Kräusentank. Diese Hefetanks sind für das sogenannte Assimilationsverfahren konfiguriert. Die Verrohrung erlaubt die ständige Belüftung sowohl der Reinzuchthefe, als auch der Erntehefe. Im Hefegabe/Kräusentank wird die Reinzuchthefe so lange vermehrt, bis schließlich 50 hl Reinzuchtkräusen zur Anstellung von 100 hl Würze erzeugt sind. Vielleicht will man den Kräusen auch noch etwas Erntehefe dazugeben…

In der skizzierten Anlage ist auch ein *Erntehefe-Bottich* vorgesehen. Damit hat es eine besondere Bewandtnis. Rudi war in Ausnahmefällen auch in Käsereien beschäftigt. Da hat er die Praxis des Käsens mit Rohmilch gesehen. Käse aus Rohmilch, beispielsweise Emmentaler, wird im Kupferkessel gefertigt. Die Rohmilch-Laktobazillen entwickeln sich im Kupferkessel viel besser, als in einem Edelstahlkessel. Geschmack und Geruch von Rohmilchkäse wird so zum Guten beeinflusst. Geschmacksfehler oder abweichender Geruch treten bei im Kupferkessel gefertigten Käsen praktisch nie auf. Und deshalb fertigen die Käser ihren Emmentaler selbstverständlich auch weiterhin im Kupferkessel. Warum sollten sie auch auf bewährte Gebräuche verzichten, gar ihr gutes Handwerk verschlechtern?

Reden wir nicht lange um den heißen Brei herum. Auch Bierhefe könnte ihre Arbeit wesentlich besser machen, wenn sie ein ganz bestimmtes Spurenelement vermehrt aufnehmen könnte. Klar, hier reden wir vom Zink. Allein aus den Rohstoffen gemäß Reinheitsgebot bekommt die Hefe zu wenig davon ab. Wahrscheinlich war dies Früher besser, als die Brauwasser-Rohre noch aus *verzinktem* Stahl waren und die Würze durch Messing-Hähne floss…

Warum kann dem Brauer nicht Recht sein, was dem Käser billig ist?

Soll der Brauer die Reaktion des Metalls nicht auch für sein Produkt nutzen dürfen, so wie's der Käser tut? Können Brauerinnen und Brauer ihre Erntehefe nur deshalb nicht in einem verzinkten Bottich aufbewahren, weil so ein Bottich die heutzutage gebräuchliche Reinigung (CIP) nicht verträgt? Oder liegt es vielleicht daran, dass vom verzinkten Überzug des Bottichs die Zink-Ionen in die Hefe übergehen, und zwar gleich so viel, dass nach einigen Jahren das herkömmliche Stahlblech durchschimmert?

Na und!

Bei Nickel haltigen Edelstählen denkt doch auch Keine oder Keiner gleich an Nickel-Allergie, geschweige denn an unser Reinheitsgebot…

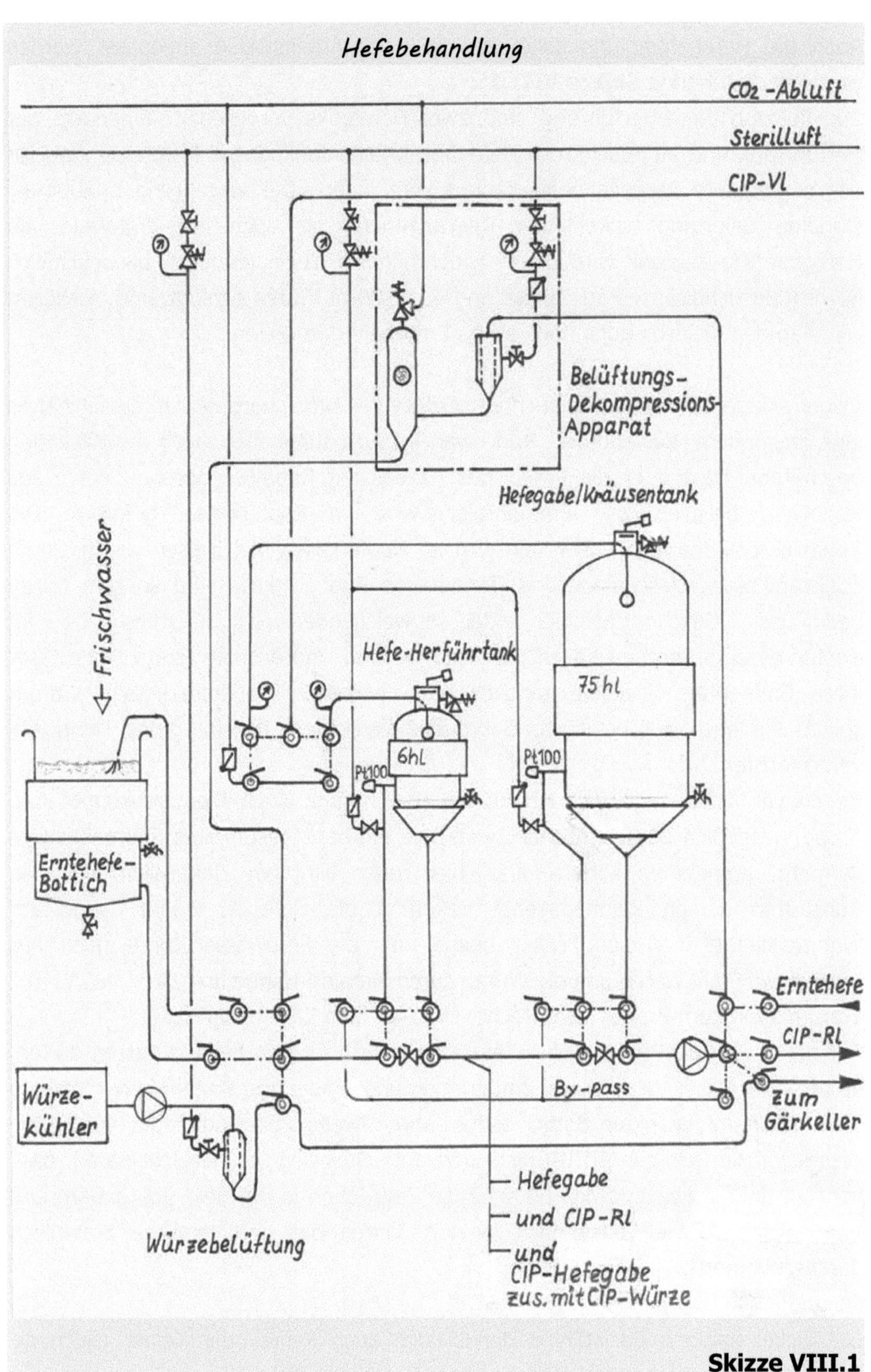

Skizze VIII.1

<u>Verrohrung der Hefebehandlung</u>

Die Würze zur Hefeherführung und Vermehrung wird unmittelbar nach dem Würzekühler und der Würzebelüftung abgezweigt. Die Würze war vor dem Würzekühler steril und ist sicherlich auch danach noch keimfrei. Die Entnahme der Kaltwürze nach dem Würzekühler ist energetisch betrachtet ohnehin vorteilhaft:
„Das Runterkühlen im Herführtank entfällt und außerdem gewinnt man noch Zeit.“

Bei der Rohr-Installation kann die Würzeleitung quasi direkt an den Hefetanks vorbei verlegt werden, und „parallel dazu“ eine gemeinsame Leitung zur Hefeherführung und Hefegabe. Dadurch wird sowohl die Würzeentnahme zur Hefeherführung, als auch die Hefe/Kräusen-Gabe in die Würze mit ein- und derselben Leitung durchgeführt. Und außerdem fungiert diese Leitung bei der Hefetank-Reinigung auch als CIP-Rücklauf. Die tägliche Rohr-Reinigung dieser Mehrfachfunktions-Leitung erfolgt dann zusammen mit der CIP-Würzeleitung.

Und jetzt nochmals zur Sache:
Auf dem Weg vom Gärtank in den verzinkten Bottich tauchen die Erntehefezellen ganz gemächlich durch den CO_2-Abscheider. Unmittelbar davor hatten sie noch im kombinierten Belüftungs-Dekompressions-Apparat endlich wieder „frische Luft tanken“ können. In diesem Apparat erholen sich die Hefezellen gewissermaßen von der Taucherkrankheit. Und nach einem erfrischenden Bad im ionisierten kalten Wasser im Zinkbottich sind sie wieder zu neuen Taten bereit…
Es wäre sicher kein Fehler, wenn der verzinkte Bottich einen abnehmbaren Deckel hätte. Der wird dann bei der manuellen Bottich-Reinigung gleich mitgereinigt.

IX. Hefen sind Lebewesen

Mit dieser Mahnung gehen Brauerinnen und Brauer auf Überlegungen und Ausarbeitungen ein, die sich mit einer Steuerung für die Gärführung befassen. Was wollen sie damit sagen? Vielleicht, dass Hefen empfindlich sind, und dass man ihre Verhaltensweise nicht ändern soll, weil sie für die Erzeugung des Alkohols zuständig sind?

Dabei will man ihre Verhaltensweise doch gar nicht ändern, sondern ihre Lebens- und Arbeitsbedingungen verbessern, um dadurch den Gärprozess abzusichern. Rudi hat nämlich hi und da folgendes aufgeschnappt:

„Die Gärung ist hängengeblieben!"

Da hat er sich gefragt, welche Faktoren auf das Wirken der Hefen und damit auf das Gedeihen der Gärung Einfluss ausüben…

- Ist genug Luft in der Würze enthalten, weil Lebewesen ja Luft zum Atmen
  brauchen?
- Ist überall im Tank das Temperatur-Niveau gleichmäßig?
- Wird die Abkühlung der Würze auch in den letzten zwei bis zweieinhalb Tagen
  der Gärung stufenweise aufgeteilt, also nicht einfach bloß stufenlos
  durchgezogen?

Folglich rückt nun der Extraktabbau in der Würze in den Fokus. Durch seine Kontrolle lassen sich Rückschlüsse auf den Gär-Prozesses ziehen, insbesondere was die Arbeitsqualität der Hefen angeht. Bekanntermaßen sind Lebewesen ja dann besonders aktiv, wenn die Verpflegung stimmt. Deshalb sollte man die gärende Würze zwischendurch auch mal probieren, weil das spätere Bier ja nur bei gutem Geruch und gutem Geschmack „genossen" wird. Also, wenn man vorstehende Prozessfaktoren kontrolliert, sozusagen im Griff hat, dann kann auf die Gärung auch eingewirkt werden – falls erforderlich. Aber dann ist der Gärprozess eben nicht mehr allein der Selbstwirtschaft der Hefen überlassen. Ja, und genau das ist im positiven Sinn auch gewollt. Durch verbesserte Bedingungen kann die Hefe noch besser arbeiten, was ja ihrem Wesen entspricht – Hefen sind gewissermaßen Arbeiterinnen. Somit wird die Qualität des Bieres sichergestellt und damit eben auch der Ausstoß gewährleistet, mithin der Verkaufserfolg…

Im Verlauf der Gärung ändern sich die Zustände im Tank. Die Temperatur der gärenden Würze ändert sich in Abhängigkeit der Hefeaktivität und diese wiederum verändert den Extraktgehalt der Würze. Nach einiger Zeit des Angärens muss die Würze gekühlt werden, jedoch behutsam, um die Hefe nicht in Schockstarre zu versetzen. Indessen darf die Gärtemperatur auch keinesfalls zu rasch ansteigen.

Sie soll einer gewählten Temperaturdifferenz innerhalb einer vorgegebenen Zeit folgen. Somit entsteht während der Gärung quasi eine Temperaturkurve, die bestimmenden Einfluss auf die Qualität des späteren Bieres hat. Diese Temperaturkurve haben die Brauerinnen und Brauer im Lauf der Zeit herausgefunden – für ihr Bier. Allerdings folgt die Temperatur der gärenden Würze nicht immer und überall im Tank dieser Temperaturkurve, trotz eingehaltenem Sollwert des Kühlmediums. Das liegt einerseits an der Kühltaschenanordnung und anderseits an der Tankhöhe, wodurch wechselhafte Konvektion entsteht, und zwar im Zusammenspiel mit der Hefeaktivität. Also kann das Temperaturprofil im Gärtank keinesfalls immer einheitlich sein.

Darüber hat sich Rudi Gedanken gemacht...

Wenn also Tankbauform bzw. Tankgröße Einfluss auf das Temperaturprofil, mithin auf den Gärungsverlauf haben, dann wäre es doch eigentlich vorteilhaft, wenn alle Gärtanks einer Brauerei gleiche Bauform/Größe hätten. Dies ist aber nicht möglich, allein schon wegen der unterschiedlichen Sorten, wovon eine oder zwei nur in kleineren Mengen eingebraut werden; und die brauchen eben andere Tankgrößen. Das heißt aber: Verschiedene Biersorten/Biermengen haben ungleiche Gärkurven.

– Oder etwa nicht?

Also können im Gärtank verschiedene Gärprofile entstehen, und dadurch können sich auch Schichten unterschiedlicher Produktqualität ausbilden. Und deswegen müssten diese Schichten homogenisiert werden, – sagte sich Rudi...

Also wird nach einer mechanischen Veränderung am Tank ein zusätzlicher Verfahrensschritt in die Steuerung eingearbeitet.

Nach der Würze-Angärung folgt nun:

<u>„Temporäres Umpumpen und Belüften der angegorenen/gärenden Würze.“</u>

Außer der Zieh-Leitung oben am Tank, einer Umpumpleitung und einer Pumpe, dazu noch ein Belüftungsapparat, braucht es sonst nichts. Es sei denn, man will den Extraktabbau nun ständig „online“ messen. Dann muss dazu eben noch eine spezielle Extrakt-Messeinrichtung installiert werden. Möglicherweise lohnt sich nun sogar die Automatisierung der Gärung/Reifung – für größere Brauereien. Mit automatischen Programm-Abläufen könnten für verschiedene Tankgrößen unterschiedliche Rezepte gefahren werden. Dabei sind die Einzelschritte sowohl wahlfrei konfigurierbar, als auch wahlfrei parametrierbar. Mithin stellen sich Brauerinnen und Brauer ihr Programm für die Gärung/Reifung selbst zusammen. Sie haben also die Gärung/Reifung nach wie vor vollkommen in ihrer Hand (siehe nachstehende **Skizze IX.1)**.

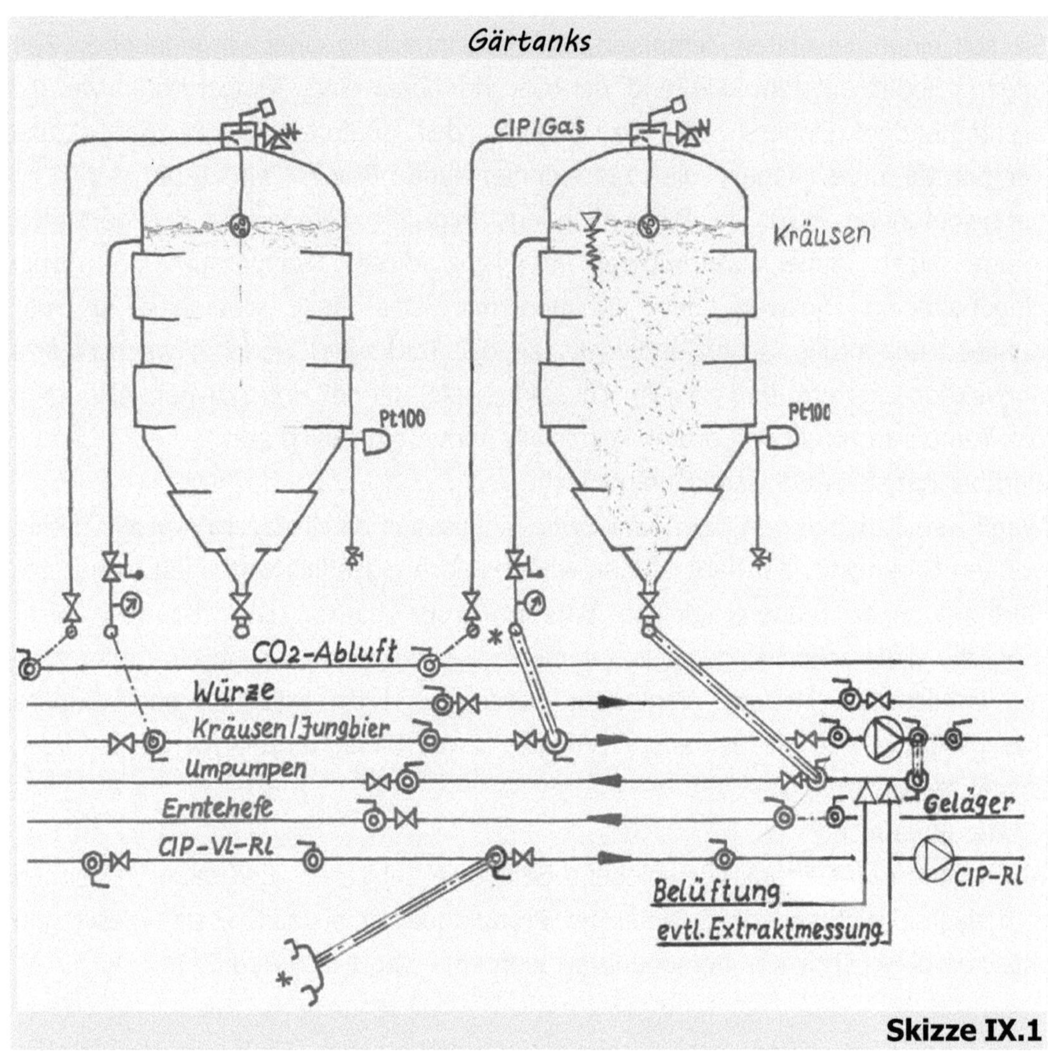

Skizze IX.1

<u>Einflussfaktoren auf die Gärung/Reifung der untergärigen Würze</u>

Anstellen

Temperatur: 6°C

Hefegabe: 15 – 20 Millionen Hefezellen entsprechend 2,5 Liter dickbreiige Hefe
je hl Würze

Belüftung: 30 Liter Luft je hl Würze (9 mg O_2/l Würze)

<u>Kontinuierliche Hefegabe und Belüftung</u>

am Ausgang vom Würzekühler miteinander durchführen.

Die Hefe sollte bereits vorbelüftet sein.

<u>Hefegabe mit Kräusen</u>

Verhältnis: 1 Teil Kräusen, 2 Teile Würze

Bei Kräusen mit 30% Vergärungsgrad (2 Tage Gärung) sind dann ca. 4 Millionen
Hefezellen in 1 ml Kräusen, – folglich 13 Millionen Hefezellen je ml Würze.

Gären

Temperatur: 8°C - 13°C, optimal 9°C

<u>Nachbelüftung</u>

der angegorenen Würze spätestens nach 24 Stunden. Dadurch wird die Gärung erneut angefacht. Nach 4,5 Tagen sind unter diesen Voraussetzungen bereits 70% vergoren.

<u>Hefeernte und Schlauchen</u>

Zur Hefeernte bzw. vor dem Schlauchen wird das Jungbier runtergekühlt.

Beachte: „Bei 5°C erfolgt die Dichte abhängige Umwälzung im Tank noch nicht."
Erst nach der Hefeernte bzw. nach dem Schlauchen liegt die Bier-Temperatur dann im Lagertank bei 0°C.

X. In Süddeutschland ist Weizenbier beliebt

„Weißbier", sagen die Bayern zum Weizenbier, – „Woiza", sagen die (Ober-) Schwaben. So verschieden wie die Dialekte sind auch die Weizenbier-Gärtanks. Die Vorrichtungen zur Gärschaum-Entfernung und Hefe-Ernte sind vielgestaltig (siehe **Skizze X.1**).

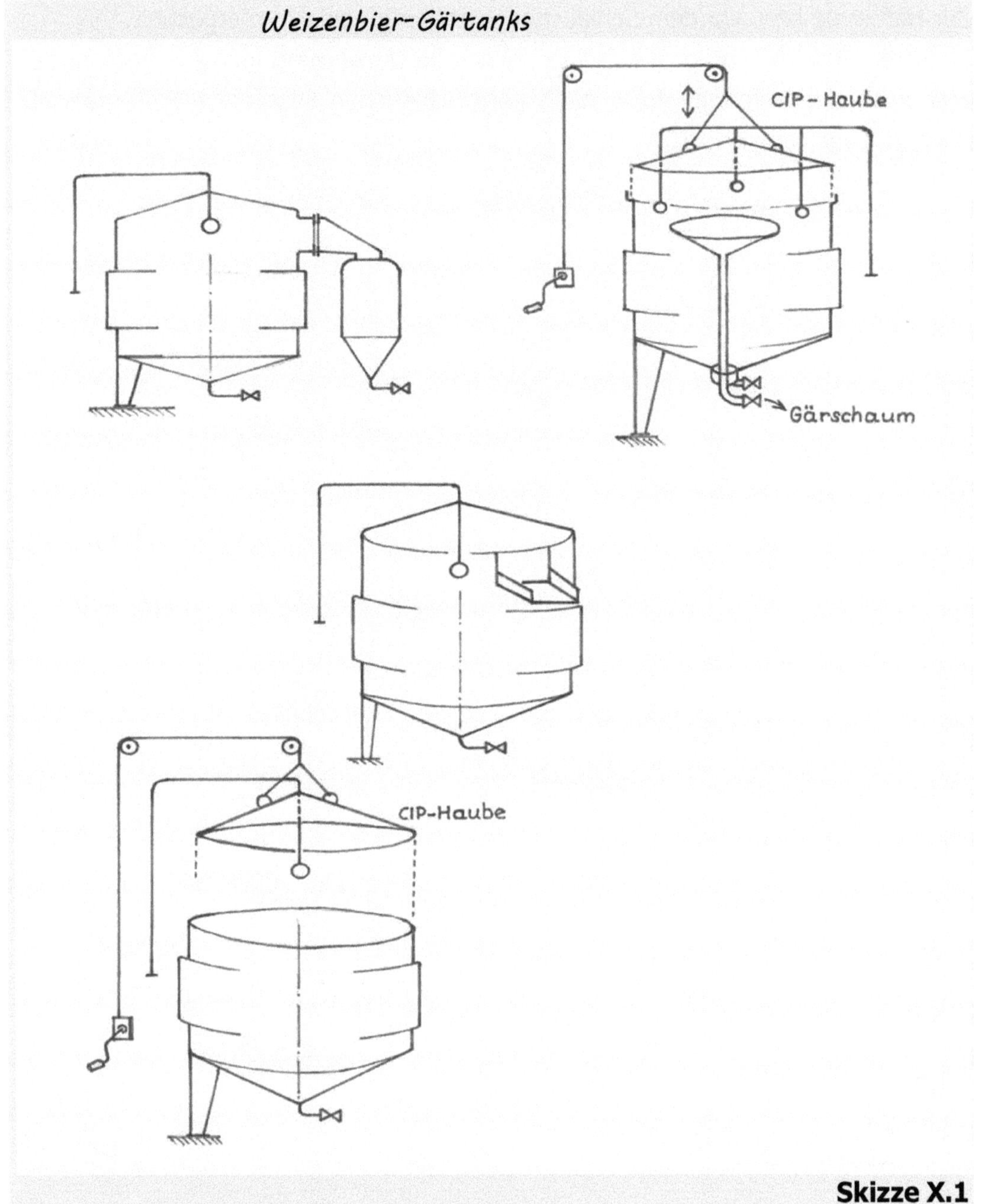

Skizze X.1

Offensichtlich hat sich noch keine einheitliche Konstruktion durchsetzen können, wie beispielsweise die Konstruktion des ZKG für untergärige Biere. Da konnten sich die Brauerinnen und Brauer, aber auch die Konstrukteure anscheinend noch nicht festlegen…

Die Gärung, mithin die Schaumbildung, ist bei Weizenbier heftiger, die CO_2-Entwicklung manchmal plötzlich stark aufkommend, dadurch gewissermaßen unberechenbarer als bei untergärigen Bieren. Ein herkömmlicher ZKG ist für das heftige Schaum-Aufkommen bei der Weizenbier-Herstellung nicht gerade praktisch. Er wurde ja für die Gärung mit untergäriger Hefe konstruiert, also mit normalem Steigraum von mindestens 20% der zylindrischen Tankhöhe und mit normaler CIP/Luftleitung. Bei der Weizenbier-Gärung wird der geschlossene ZKG aus der CIP-Luftleitung „überkotzen", wie manche Brauerinnen und Brauer sagen. Wer dieses Überkotzen aber als normal hinnimmt, wird auch mit dem ZKG zurechtkommen, insbesondere bei der Reinigung. Wobei die Tankreinigung schon ein Problem ist, gerade bei der Weizenbier-Herstellung, weil sich der Weizenkleber sehr schlecht ablösen lässt; am besten noch mittels ca. 30°C warmer Reinigungslösungen. Im Tank sollten daher keine Einbauten sein, außer bei der Reinigung. Also wäre für einen Weizenbier-Gärtank folgende Bauweise vorteilhaft:
- mit großem Schaum-Ablaufschacht,
- während der Gärung oben offen und zugänglich,
- zur Reinigung CIP-fähig verschließbar
(siehe nachstehende **Skizze X.2**).

Indessen ist auch eine solche Konstruktion nicht ganz unproblematisch. Bei der Höhen-Positionierung des Schaum-Ablaufschacht-Einlaufs kommt Unschlüssigkeit auf, weil Füllstand und Schaumdecke nicht immer gleich sind. Manchmal fehlen dem Sud ein, zwei Hektoliter und oft steigt die Schaumdecke deutlich höher an als erwartet. Und dann wird auch Speise gegeben, vielleicht von der Vorderwürze, woraufhin die Gärung erst richtig losgeht – überschäumend.

Also wo soll nun der Einlauf vom Schaum-Ablaufschacht sein?

Die Höhen-Positionierung vom Schaum-Ablaufschacht-Einlauf läuft auf einen Kompromiss hinaus. Besser ist auf jeden Fall zu hoch als zu niedrig – klar. Allerdings muss dann der Schaum eben mal händisch in den Einlauf gehoben werden. Am besten wäre natürlich ein höhenverstellbarer Ablaufschacht. Aber die dazu erforderlichen verschiebbaren Abdichtungsteile wirken geradezu anziehend auf den Weizenkleber.

Um es mal in aller Deutlichkeit zu sagen:

„Es ist eine Drecklerei mit dem Weizenkleber.

Gerade der Gärschaum ist besonders klebrig."

Infolgedessen sollte man lieber von beweglichen Innenteilen, Winkel und Löcher absehen und nur die glatte Tankwandung dagegenstellen. Dadurch ist dann auch zu erwarten, dass der Tank nach der Reinigung vollkommen sauber ist. Selbstverständlich muss der Tank während der Reinigung „zu" sein.

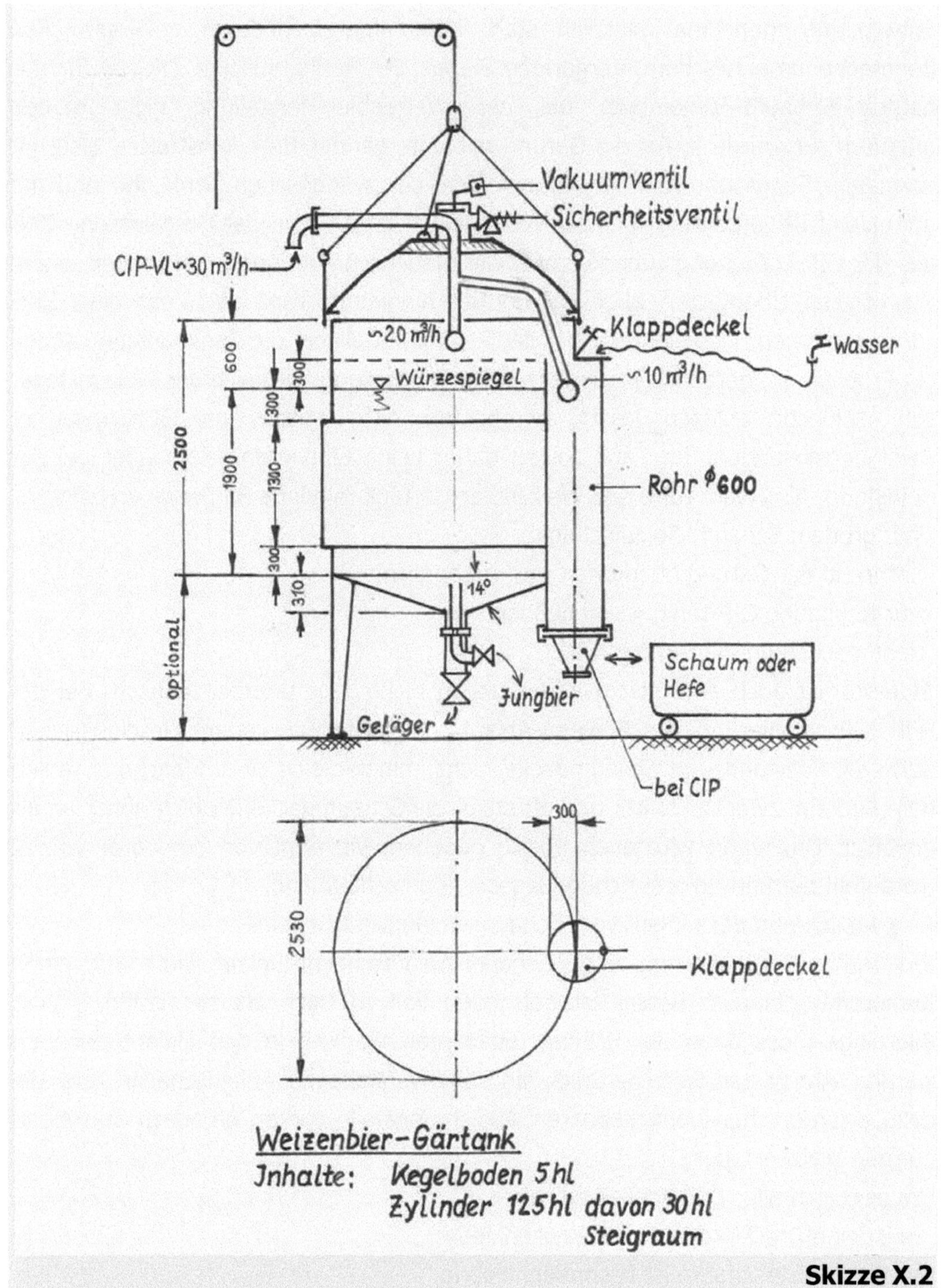

Weizenbier-Gärtank
Inhalte: Kegelboden 5 hl
            Zylinder 125 hl davon 30 hl
                        Steigraum

Skizze X.2

Somit ist er ein Drucktank gemäß Druckgeräterichtlinie 2014/68/EU (früher Druckgeräterichtlinie 97/23/EG – davor Druckbehälterverordnung). Wenn ein geschlossener Tank mit warmen Reinigungslösungen (30°C bis 35°C) gereinigt wird, kann es zu unkontrollierbaren Druckzuständen im Tank kommen. Besonders bei Temperaturunterschieden der aufeinanderfolgenden Reinigungs-Lösungen ist Unterdruck zu besorgen. Drucktanks in Brauereien sind gemäß Verordnung also mit Vakuumventil, Sicherheitsventil, Mannloch und Manometer ausgerüstet. Doch der Tank kann auch „offen" betrieben werden, falls er nicht gerade gereinigt wird.

Wäre da nicht eine ähnliche Haube praktisch, wie zuvor im III. Kapitel beschrieben, vielleicht eine aus Edelstahlblech? Wenn diese Haube mittels Seilzug angehoben bleibt, dann ragen keine Ausrüstungsgegenstände in den Tank. So kann bei Bedarf Gärschaum entfernt und obergärige Hefe abgehoben werden. Dabei muss jedoch die austretende Kohlensäure mittels Ventilator entfernt werden, überwacht vom CO_2-Warngerät, wie es Pflicht ist im Gärkeller...

Das Entfernen der Kohlensäure bei offenen Gärtanks kommt einigen Brauern vielleicht auch noch aus einem ganz anderen Grund gelegen:

Weil der gärenden Würze dadurch die Berührung mit frischer Luft ermöglicht wird. Und damit soll das Weizenbier angeblich seinen typischen Geschmack bekommen. Darauf schwören ein paar wenige Brauer sogar – hat unser Rudi mitgekriegt. Er will diese Luft-Erfindung aber nicht so recht ernst nehmen. Aber weg muss die Kohlensäure sowieso...

Unsere Beispielbrauerei macht jede Woche 2 Weizenbier-Sude mit je 50 hl. Beide Sude kommen in denselben Gärtank, woraufhin der Tankinhalt feststeht. Selbstverständlich muss zur Bestimmung der Tank-Geometrie auch der Aufstellungsplatz berücksichtigt werden.

Und falls nichts gegen die gewünschte Tank-Geometrie spricht, nämlich

<u>zylindrische Höhe ≈ Tankdurchmesser,</u>

dann wäre ein Innendurchmesser von 2,53 m ein pfiffiges Maß. Hier macht jeder cm Füllhöhe im zylindrischen Teil 0,5 hl aus (1,0 hl ≙ 2 cm Füllhöhe), wobei die Verdrängung vom Schaum-Ablaufschacht berücksichtigt ist. Die zylindrische Höhe wird mit 2,5 m bestimmt, der untere 14°-Kegelboden ist 310 mm hoch. Somit ergibt sich eine Gesamthöhe von knapp 3 m – ohne Füße und ohne Haube. Vor der beginnenden Gärung liegt der Würzespiegel auf 2,21 m Gesamthöhe. Der zylindrische Teil ist bis auf 1,9 m Höhe mit 95 hl befüllt. Der Kegelboden fasst 5 hl. Ein ausgeprägter Konus wie beim ZKG bringt indessen nichts, weil beim Weizenbier der größte Teil der Hefe ja oben auf der gärenden Würze schwimmt. Der Schaum-Ablaufschacht-Einlauf kann bis 30 cm über dem Würzespiegel sein.

Dieses Maß hängt vorrangig von Hefegabe und Speise ab und wird eben damit von Brauerinnen und Brauern bestimmt. Der Steigraum spielt bei diesem Weizenbier-Gärtank nur eine zweitrangige Rolle, weil der Gärschaum ständig frei ablaufen kann. Notfalls kann auch mit dem Wasserschlauch nachgeholfen werden. Denn der Schaum-Ablaufschacht ist während der Gärung beobachtbar und zugänglich, – auch die Haube ist hochgehoben. Somit kann seine Spülung von Fall zu Fall erfolgen. Auch die Hefe ist sauber abhebbar. Sie kann durch den Schaum-Ablaufschacht geleitet ablaufen und so in die Hefewanne gelangen. Dass aufgrund dieser Arbeitsweise ein extra Klappdeckel auf dem äußeren Teil des Schaum-Ablaufschachts angebracht sein muss, ist einleuchtend.

Sehr nützlich bei der Arbeit am Gärtank ist aber auch ein sogenannter Hefestecker. Der Hefestecker verhindert, dass beim Schlauchen Geläger in den Lagertank mitgezogen wird. Viele Brauereien bevorzugen inzwischen auch beim Weizenbier die sogenannte Tank-Nachgärung bei ca. 0°C im Lagertank, anstatt der traditionellen Flaschen-Gärung. Somit kann das Weizenbier nach der Lagertank-Nachgärung sofort verkostet werden, und zwar schon vor der (Flaschen-) Abfüllung, weil es ja bereits fertig ist.
Zur Reinigung des Gärtanks dieser Machart sind 2 Sprühköpfe erforderlich. Sie werden selbstverständlich gleichzeitig über den gemeinsamen Anschluss an der Luft-Reinigungs-Armatur mit Reinigungslösungen versorgt. Der Klappdeckel muss bei Reinigung geschlossen sein – hoffentlich mit eingelegter Dichtung.
Der Hefestecker wird ausgebaut, er kommt extra in die „Reinigungshülse für Hefestecker" (siehe **Skizzen X.3-1** und **X.3-2**).

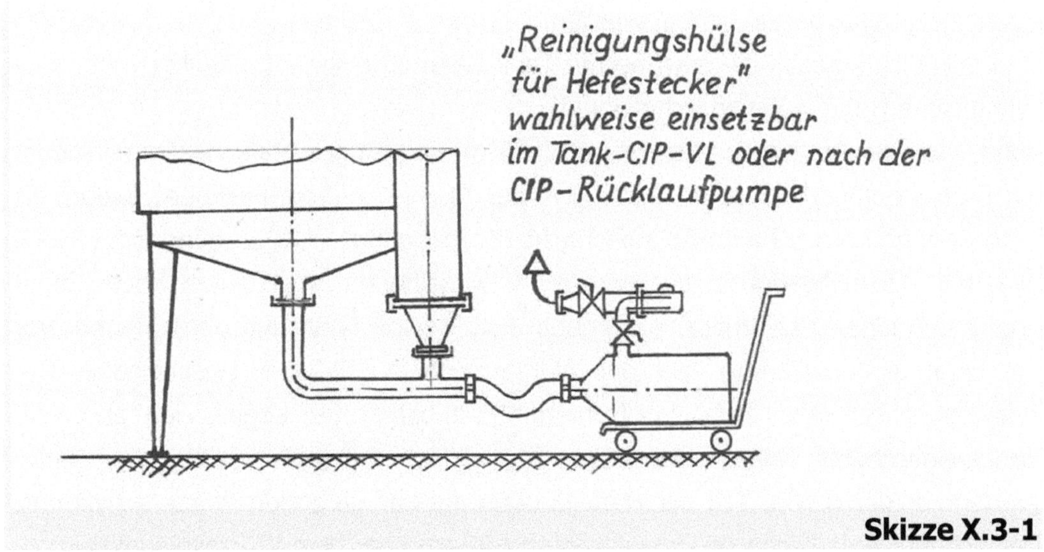

Skizze X.3-1

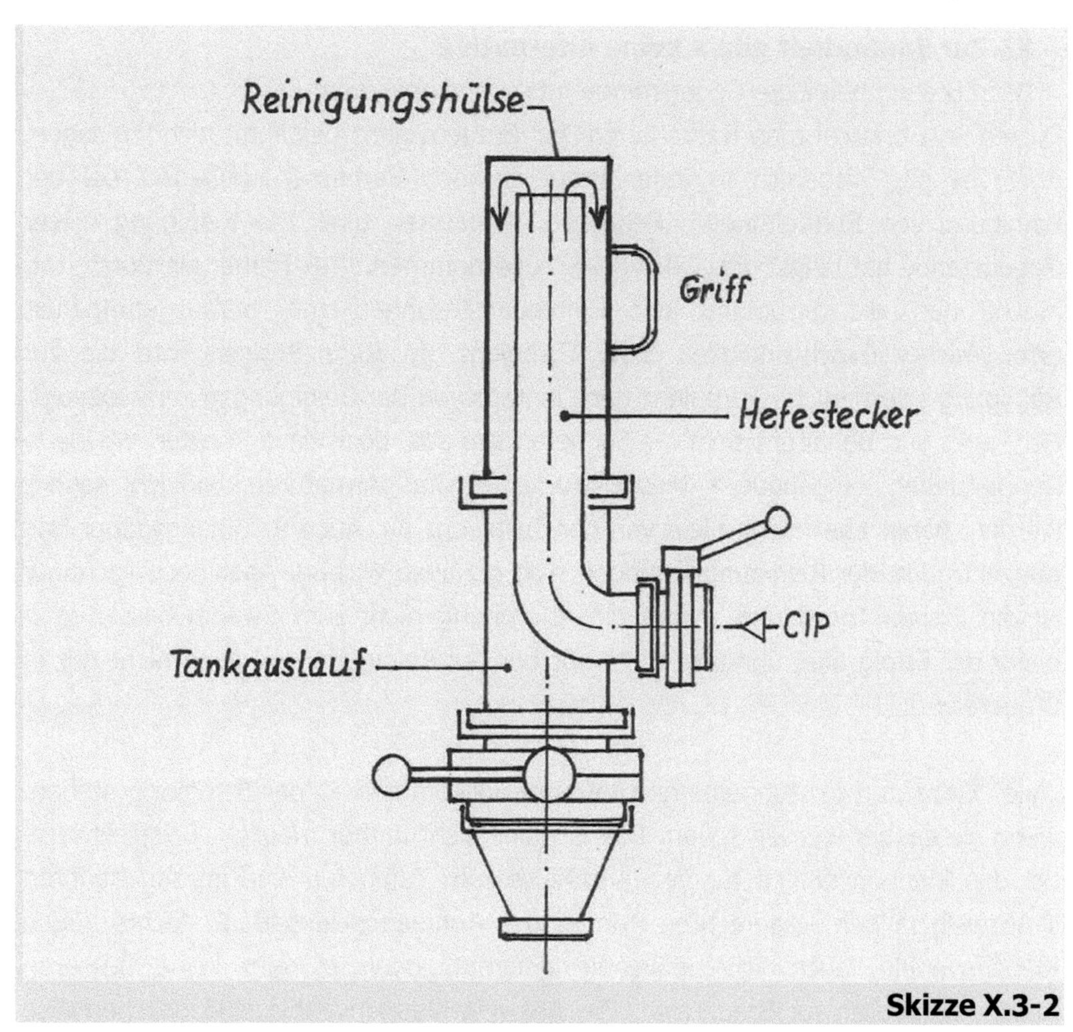

Skizze X.3-2

XI. Zur Sauberkeit gibt's keine Alternative

Beim Brauen beteiligte Gegenstände müssen sauber sein!

Diesen Satz braucht man Brauerinnen und Brauern ganz bestimmt nicht zu sagen. Aber, es gibt sicherlich in jeder Brauerei noch Verbesserungsbedarf bei der Reinigung von Rohrleitungen, Behältern, Armaturen usw. Die Reinigung dieser Gegenstände hat längst die „CIP-Anlage" übernommen. Was Früher die Bürste tat, macht nun die Strömung der Reinigungslösungen mit herausgefundener, erforderlicher Geschwindigkeit bzw. Turbulenz. In Rohrleitungen wird die zur Reinigung erforderliche Turbulenz ganz einfach von der Reinigungspumpe erzeugt. Bei Tanks und Behältern sieht die Sache anders aus, doch davon später. Ob die in Rohrleitungen eingebauten Messinstrumente und Armaturen wirklich sauber werden, hängt aber nicht allein von der Turbulenz ab. Auch Reinigungsdauer und Konzentration der Reinigungslösungen sind genauso wichtig. Aber noch wichtiger ist die Einbau-Anordnung. Wenn die Anordnung nicht zum System passt, dann bleibt der Erfolg aus, übrigens nicht nur bei der Reinigung und auch nicht nur in Brauereien...

„Alle" Einbauten in Rohrleitungen müssen vollkommen in der Strömung stehen, wenn sie sauber werden sollen. Das ist aber nicht immer möglich. Beispielsweise bei den Klappenventilen für den Anschluss zum Tank. Die sind im sogenannten T-Abzweig in den waagrechten Rohren des Rohrzauns eingebaut. Nichts gegen Klappenventile, auch Scheibenventile genannt, denn es gibt keine besseren Absperrarmaturen für Brauereien. Die Abzweig-Klappenventile sind üblicherweise bei der Reinigung geöffnet, so dass die Klappe/Scheibe etwas in die Durchgangs-Rohrleitung hineinragt. Sie soll dadurch von der Strömung erfasst werden. Mit dieser systematischen Methode will man einen „Teilstrom" dazu zwingen, in das Abzweig-Klappenventil hineinzuströmen. Der Gewinde-Anschluss des geöffneten Abzweig-Klappenventils wird bei dieser Methode mit einer sogenannten Blindmutter/Deckkappe verschlossen, aber nicht nur wegen der Leckage. Der Teilstrom soll auch um die Klappe/Scheibe herum strömen, sie putzen und sich dann wieder mit dem Hauptstrom vereinen. Na ja, gewiss gibt es da Turbulenzen, doch ganz sicher ist es nicht, dass der Teilstrom alles sauber bekommt. Und nach Ablauf der Reinigung werden diese Klappenventile ja wieder geschlossen, und zwar bevor die Blindmutter entfernt und der Koppelbogen zum Tank angeschraubt wird...

Übrigens, wie werden eigentlich die Koppelbögen gereinigt, wo doch auf den Abzweig-Klappenventile Blindmuttern angeschraubt sind?

Und wie sauber werden die eingebauten Sonden?

Auf diese Fragen hört man hi und da verschiedentlich:

„Desi-Wanne" oder „bei der Tank-CIP".

„Die Sonden sind doch (im Rohr) eingebaut".

Indes, überzeugen kann keines der Stichworte.

Eine mögliche Lösung zeigt **Skizze XI.1**.

Das skizzierte CIP-Pass-Stück hat sonst keine Funktion, außer vielleicht als Schlauch-Zwischen-Verlängerung oder als Gelenk-Koppelbogen zum etwaigen Verschneiden von Tankfüllungen. Aber, bei einer beweglichen Anordnung im Rohrzaun erfüllt dieses CIP-Pass-Stück seinen Zweck bei der Reinigung.

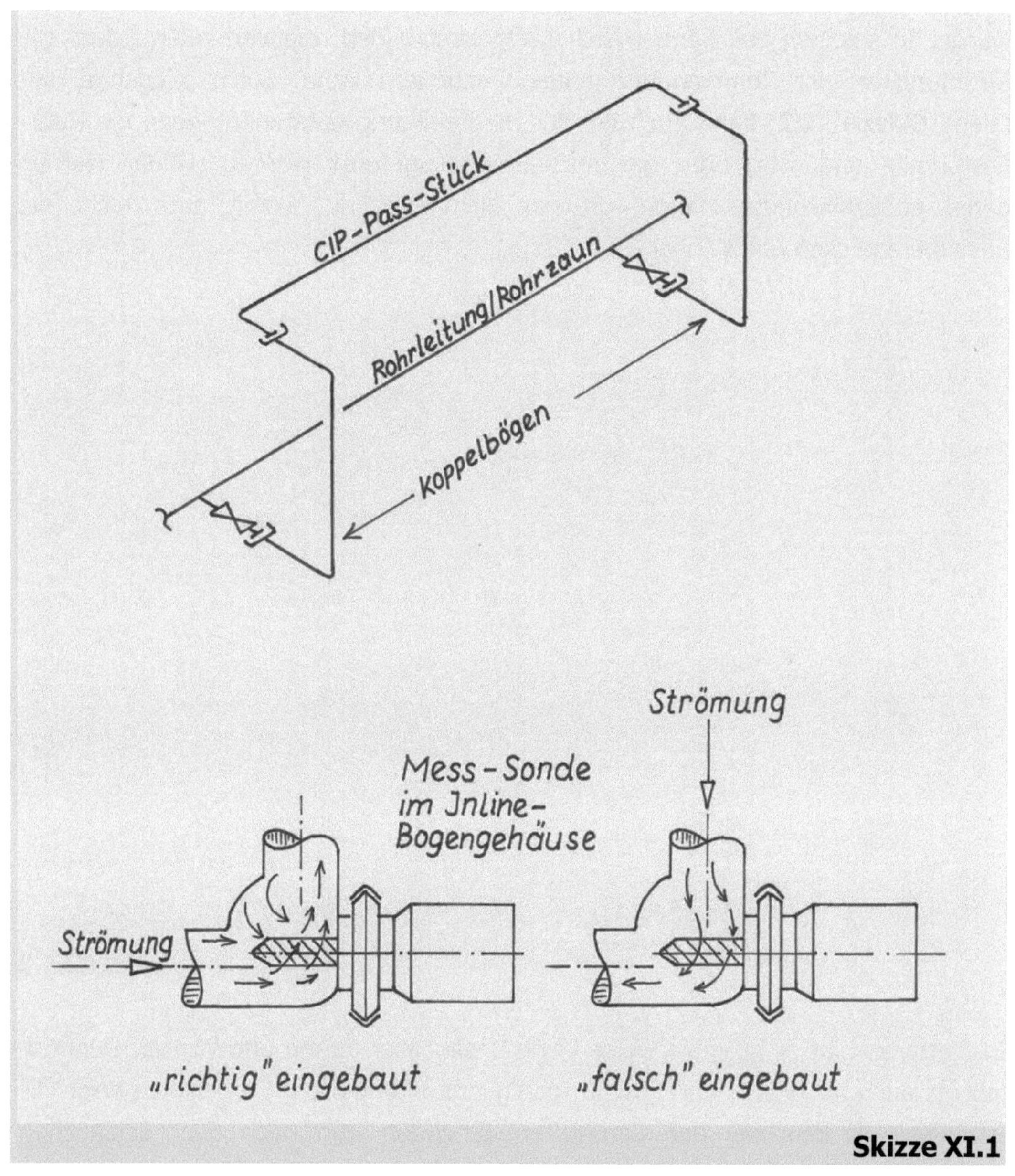

Skizze XI.1

Durch den Trick mit dem CIP-Pass-Stück werden die Abzweig-Klappenventile komplett durchströmt und somit sicher komplett sauber, ebenso die Koppelbögen. Auch die in Rohrleitungen eingebauten Sonden müssen komplett umströmt werden. Deshalb müssen sie quasi frontal gegen die Strömung stehen, am besten in einem extra „Bogengehäuse" mit Inline-Anschluss. Dadurch steht die Sonde voll in der Strömung, sogenannte Toträume gibt es bei der Inline-Technik nicht... Solch <u>Inline-Bogengehäuse</u> – ohne formbedingten sogenannten Sack oder Dom sollte es wirklich geben!

Sicherlich gibt's wegen der Rohrführung noch weitere neuralgische „Reinigungs-Stellen". Beispielsweise wenn eine Rohrleitung mal mit falschem Gefälle verlegt wurde. In solchem Fall können sich Luftpolster bilden, die verhindern, dass die Strömung an der Rohrwandung entlang scheuern kann. Solch „Gegengefälle" (siehe **Skizze XI.2**) kann auch bei der Heißreinigung entstehen, wenn die Rohr-Festpunkte ungünstig oder gar nachlässig ausgeführt wurden. Leider werden derlei unbeabsichtigte Mängel oft gar nicht bemerkt, somit auch nicht die unsauberen Ecken und Winkel...

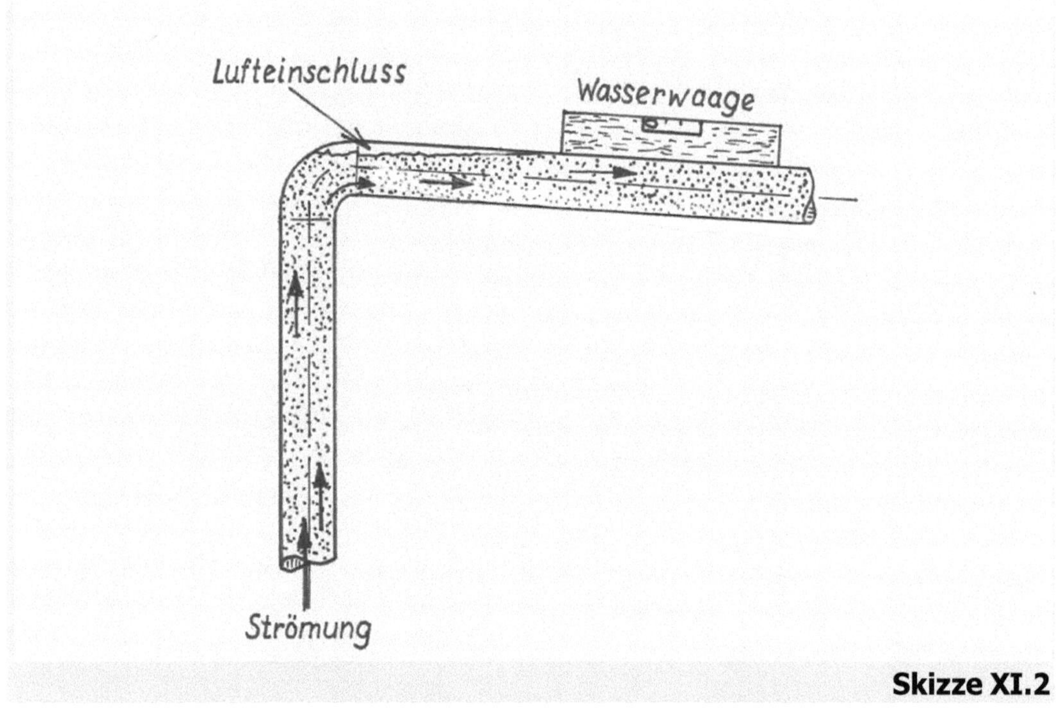

Skizze XI.2

In Biertanks gibt es normalerweise keine unsauberen Ecken und Winkel. Dennoch gibt es auch in Tanks neuralgische Reinigungs-Situationen. So beispielsweise die Situation mit dem bei der Gärung entstehenden und nach dem Schlauchen bleibenden, sogenannten Brandhefe-Rand. Und gerade der haftet besonders gut.

Außerdem ist dieser Brandhefe-Rand nicht immer an derselben Stelle der Tankwandung oder auch mal besonders breit. Damit dieser „Schmutz" weg geht, muss er mit einem Schwall weggespült werden. Üblicherweise wird der Schwall vom sogenannten Sprühkopf erzeugt. Mittels dieser Reinigungs-Vorrichtung prallen viele dünne Sprühstrahlen gleichzeitig auf die Tankwandung. Somit wirkt auf den Schmutz eine Schubkraft, die ihn mit Hilfe der Schwerkraft nach unten schiebt. Der wirksame Schub verlangt eine entsprechende „Schwalldicke", die ab rund 30 Liter pro Minute auf 1 Meter Tankumfang entsteht. Aber auch der Aufpralldruck eines einzelnen Sprühstrahls ist maßgebend...

Der Aufpralldruck bewirkt einen Teil-Schub, der die Schmutzpartikel quasi hinwegfegt. Ob der Schwall ungeteilt die komplette Tankwandung von oben nach unten bedeckt – quasi als Ring-Vorhang, ist auch von den Tankmaßen abhängig, vor allem von der Tankhöhe. Wassermoleküle ziehen sich gegenseitig an (Kohäsion). Deshalb kann es in hohen Tanks vorkommen, dass wässerige Lösungen beim Abwärtsfließen sogenannte Brücken bilden, wodurch sich größere, trockene Zonen an der Tankwandung erhalten. Da hilft dann nur ein größerer Sprühkopf, der einen dickeren Schwall erzeugt. Ausreichender Schwall mit Sprühköpfen (Sprühbild 270° nach oben), wird erreicht bei folgenden Werten:

Tankhöhe [m]	Tankdurchmesser [m]	Sprühkopf-Durchsatz [m³/h] bei einem Druck von 2,0 barÜ
4 – 10	bis 2,1	12
	ab 2,2 bis 2,8	16
	ab 2,9 bis 4,2	24

Natürlich sind auch rotierende Reinigungsgeräte gut geeignet, weil Zonen der Tankwandung bei der Rotation mit ausreichender Menge beschwallt werden. Interessant sind in diesem Zusammenhang die Fragen über das Reinigungs-Ergebnis; insbesondere die Frage, durch welches Reinigungsgerät ein besseres Ergebnis innerhalb einer bestimmten Reinigungsdauer erzielt wird. Die Reinigungsdauer hat eben wesentliche Auswirkungen betreffend Wasser- und Energieverbräuche.

Indessen spielen hier sicherlich auch die Reinigungs-Impulse eine Rolle. Derlei Impulse sind beim unbeweglichen Sprühkopf allenfalls mit steuerungstechnischen Tricks machbar. Doch mittels solcher Tricks könnten die Sprühstrahlen direkt auf die Verschmutzung treffen, weil der Schwall des vorherigen Impulses bereits abgeflossen ist.

Und wenn der Schwall dazu noch abwechselnd unterschiedlich hoch auf den ganzen Tankumfang vollflächig auftrifft, dann wäre das womöglich die am besten geeignete Methode, um im ZKG den Brandhefe-Rand oder im Weizenbier-Gärtank den Weizenkleber-Rand abzulösen. Eine besondere Reinigungsvorrichtung könnte also lohnende Ergebnisse bringen:

„Der Hubschwall-Cipper"

(siehe **Skizze XI.3**).

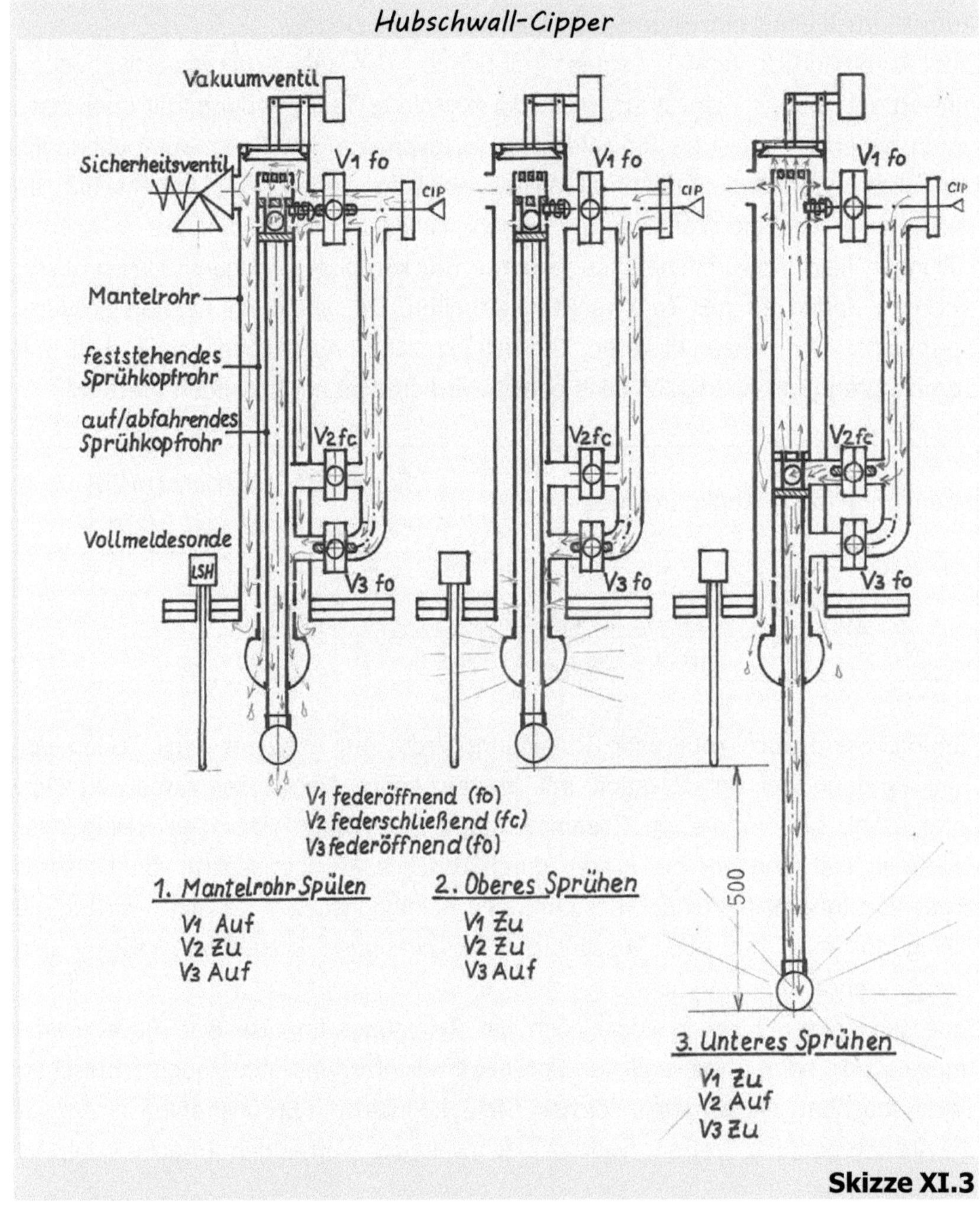

Skizze XI.3

Der Hubschwall-Cipper bietet über seinen eigentlichen Zweck hinaus weitere Vorteile:
- Die Arretierung des beweglichen Sprühkopfrohres mittels Klappenventil erlaubt es, auf die übliche Installation einer Reinigungs-Luft-Ventilkombination (RLV) zu verzichten.
- Sicherheits- und Vakuumventil sind gezielt im Mantelrohr eingebaut. Dadurch werden sie ganz nebenbei an der Tankreinigung beteiligt und ebenfalls sauber, ohne zusätzliche Komponenten.

„Aber, ohne Steuerung bringt eine solchermaßen bewegliche CIP-Vorrichtung keine bessere Wirkung, ihr Einsatz wäre somit widersinnig." Und womöglich ist auch nicht jede Brauerei steuerungstechnisch entsprechend ausgerüstet. Will sagen, ihre Reinigungsanlage wird vielleicht manuell betrieben. Aber auch da müssen die Gärtanks sauber werden. Deshalb hat man für die Tanks die Beschwallungshöhe „festgelegt". Aufgrund der Länge des Sprühkopfrohrs und schließlich der Größe des Sprühkopfes glaubt man, dass der Brandhefe-Rand getroffen wird – also gut...

Auch die Drucktanks müssen sauber sein. Üblicherweise werden sie mit Wasser, Säure und nochmals Wasser unter CO_2-Druck gereinigt. Dabei kommt es vor, dass die Kohlensäure bis in die Reinigungs-Rücklaufpumpe durchschlägt. Mit Gas im Körper kann die Rücklaufpumpe aber nicht mehr pumpen. Dessen ungeachtet, pumpt die Reinigungs-Vorlaufpumpe weiterhin Wasser oder Säure in den Drucktank. Also wird der CIP-Behälter immer leerer und der Drucktank immer voller. Dann kann es vorkommen, dass der Flüssigkeitsstand im Drucktank quasi über die Reinigungs-Rücklaufpumpe ansteigt, woraufhin diese dann mal wieder pumpt – vielleicht...

Eine zuverlässige Reinigung geht aber anders, garantierte Sauberkeit geht so nicht. In solchen Fällen wird ein Druckhalteventil (Überströmventil) auf den Druckstutzen der Reinigungs-Rücklaufpumpe geschraubt. Damit wird der CO_2-Durchschlag in Richtung CIP-Anlage verhindert.

Die „Einstellung" des Druckhalteventils
wird unter Druck wie folgt gemacht:
- Rücklaufschlauch am Tank anschließen, Tankauslauf öffnen,
- Druckhalteventil so weit öffnen, bis CO_2 ausströmt,
- Druckhalteventil „etwas" zu drehen, bis der Gasstrom stoppt.

Allerdings kann das Druckhalteventil/Überströmventil nicht verhindern, dass die Kohlensäure bis in die CIP-Rücklauf-Pumpe kommt, mithin ihre Funktion für eine Weile unterbricht und das erneute Ansaugen erschwert.

Hier würde die Gasfalle helfen – eine Art Siphon, hergestellt aus einem Edelstahlrohr DN 150 (siehe **Skizze XI.4**).

<u>Zu beachten:</u>

Die in der Gasfalle eingeschlossenen CO_2- und Wasserinhalte müssen beide ca. 1,5-fach größer sein, als der Pumpeninhalt. Und womöglich installiert man für die Reinigungs-Rücklaufpumpe noch eine „kleine" Vor-Ort-Steuerung.

<u>Funktionen:</u>

Die Reinigungs-Rücklaufpumpe schaltet aus, wenn die Niveau-Sonde "LS" nicht mehr belegt ist. Nach erneuter Belegung der Niveau-Sonde "LS" schaltet sie ungefähr 5 Sekunden zeitlich verzögert wieder ein. Falls zwischendurch nun Kohlensäure aus dem Tank in die Pumpe kommt, weil der Tank gerade leergesaugt ist, wird die Pumpe durch die Niveau-Sonde "LS" ausgeschaltet. Doch zuvor hatte der Pumpvorgang die Kohlensäure in der Gasfalle komprimiert. Und dadurch wurde ihr Druck um ca. 0,1 bar höher als der Tankdruck auf der Pumpen-Saugseite. Die Reinigungslösung wird somit aus der Gasfalle zurück in die Pumpe gedrückt und verdrängt so die Kohlensäure aus der Pumpe. Nach erneuter Belegung der Niveau-Sonde "LS" wird die Pumpe (verzögert) wieder ansaugen.

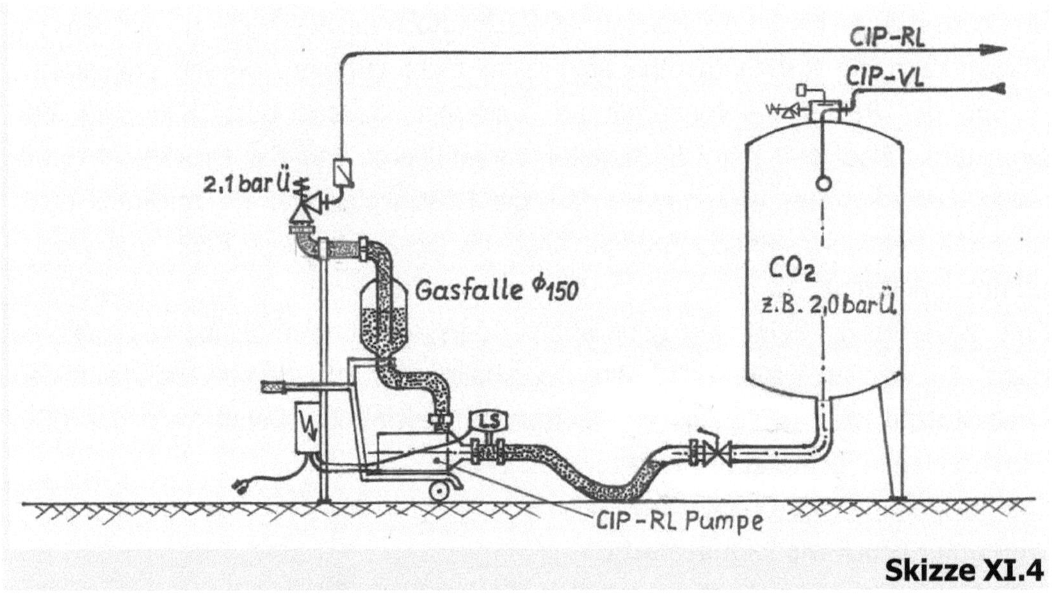

Skizze XI.4

Falls die Steuerung für das Pumpen-Modul – dargestellt in Skizze XI.4 – nicht vor Ort machbar ist, gäbe es noch die rein mechanische vor Ort-Lösung
(siehe nachstehende **Skizze XI.5**). Freilich sind auch hierzu Steuerungsbefehle notwendig. Die müssen eben in der CIP-Anlagen-Steuerung enthalten sein...

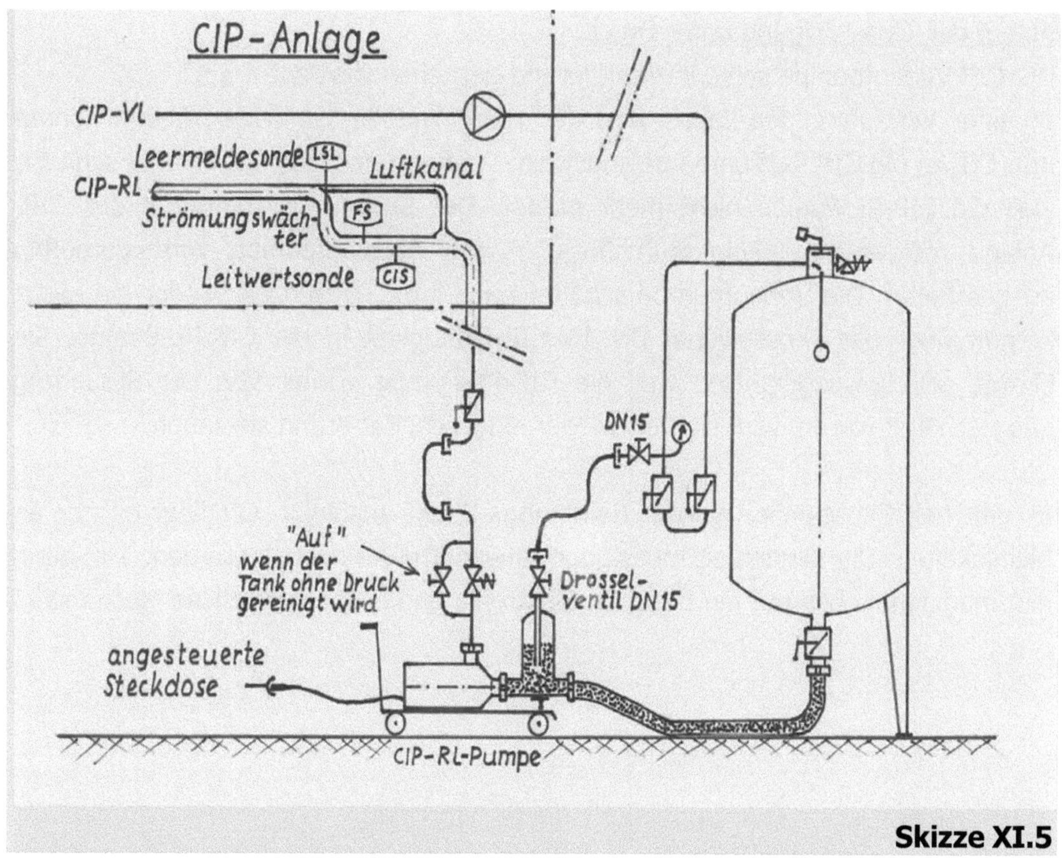

Skizze XI.5

<u>Bedienung des mechanischen CIP-RL-Pumpenmoduls (Skizze XI.5)</u>
Einstellung des Überströmventils wenn der Tank unter Druck gereinigt wird:
- CIP-RL-Pumpe mittels Schlauch am Tank anschließen, dann Tankauslaufventil
  öffnen.
- Überströmventil etwas verstellen bis CO_2 austritt, danach nur so viel
  zurückdrehen bis der Gasaustritt stoppt.

<u>Falls der Tank ohne Druck gereinigt</u> wird, muss das parallel zum Überströmventil
installierte Klappenventil "voll" geöffnet werden.

<u>Einstellung des Drosselventils DN 15:</u>
- Abzweigventil am CIP-Luftrohr des Tanks mit dem Drosselventil des CIP-RL-
  Pumpenmoduls mittels Schlauch verbinden, beide Ventile müssen "zu" sein.
- Bei laufender CIP-VL-Pumpe zuerst das Abzweigventil voll öffnen, dann das
  Drosselventil nur so weit "auf" drehen, bis der Zeiger des Manometers im CIP-
  Luftrohr des Tanks um 0,1 bar bis 0,2 bar "fällt".

<u>Ablauf der Tankreinigung unter Druck</u>

Die CIP-Vorlaufpumpe sollte intermittierend betrieben werden!

In einer Vorlaufpumpen-Pause wird der zu reinigende Tank leer. Mithin könnte nun CO_2 in die CIP-RL-Pumpe gelangt sein, wodurch das Überströmventil schließt, weil die CIP-RL-Pumpe nicht mehr pumpt. Der Strömungswächter in der CIP-Anlage meldet nun „kein Durchfluss" – die Rücklaufpumpe wird daraufhin ausgeschaltet. Die Vorlaufpumpe schaltet nach ihrer Pausenzeit wieder ein. Jetzt kommt über das Drosselventil DN 15 CIP-Flüssigkeit in die CIP-RL-Pumpe. Sie könnte also ansaugen. Und weil die CIP-RL-Pumpe vorher von der Steuerung ausgeschaltet wurde, wird sie nun wieder eingeschaltet – und sie saugt.

Es gibt halt Situationen, wo der Reinigungs-Effekt ausbleibt. Oft liegt es nur an Kleinigkeiten. Die Sauberkeit muss aber einwandfrei hergestellt werden. Tja, dann hilft manchmal eben nur ein bisschen Elektronik und etwas zusätzliche Mechanik.

XII. Die Reinigung ist maschinell

Die maschinelle Reinigung hat Bottiche, Behälter und Tanks verändert.

Die Gestaltung wurde der Reinigungsmethode entsprechend umgeformt und das Material den Reinigungsmitteln angepasst. Rudi hat es teils noch miterlebt…

Bottiche wurden stillgelegt. Dafür wurden Tanks eingebaut. Reinigungsmittel wurden mittels Spritzvorrichtungen in die Tanks und Apparate hineingespritzt und blieben während der Reinigung drinnen. Man nannte diese Art der Reinigung nun „cleaning in place" oder kurz „CIP". Und dann begann man dieses „cleaning in place" zu automatisieren. Die CIP-Anlagen entstanden. Wahrscheinlich hat jede Brauerei nun eine CIP-Anlage.

Da gibt es unterschiedliche Ausführungen:

Einerseits die „Neuansatz-CIP", bei der die Reinigungslösungen vor jeder Reinigung aufs Neue angesetzt werden. Damit ist aber auch klar, dass die Reinigungslösungen nach jeder Reinigung verworfen werden, also ins Abwasser gehen. Solch Verfahren ist in heutiger Zeit nicht gerade das Gebot der Vernunft, von den Abwassergebühren mal abgesehen. Und deshalb kommt anderseits die sogenannte „Stapel-CIP" zum Einsatz, bei der schon mal verwendete Reinigungslösungen eben nicht verworfen werden. Man hebt sie für die nächsten Reinigungen auf, stapelt sie also gewissermaßen, gleichwohl Flüssigkeiten gar nicht zu stapeln sind. Aber womöglich kann man sie schichten? Ja, das geht! Wässerige Lösungen mit unterschiedlichen Temperaturen schichten sich von selbst. Aber, unterschiedliche Temperaturen in derselben Reinigungslösung gibt's im Normalfall nicht.

Also, was soll dann geschichtet werden?

Wie wär's, wenn die verschmutzte CIP-Lösung im Reinigungstank unten bliebe?

Dann wäre die noch saubere CIP-Lösung darüber…

Üblicherweise sind die Reinigungstanks bei der Stapel-CIP bisher so gebaut, dass der CIP-Vorlauf im unteren Bereich des Reinigungstanks entnommen wird. Der CIP-Rücklauf kommt deswegen über dem CIP-Vorlauf zurück – aus gutem Grund. Auf diese Weise steht für die Reinigung der gesamte Reinigungstank-Inhalt zur Verfügung, insbesondere wenn der Entnahme-Stutzen für den CIP-Vorlauf ganz unten am Tankboden angebracht ist. Aber, bei dieser Bauart saugt die Reinigungs-Vorlaufpumpe die Schmutzpartikel aus den Rohrleitungen, Apparaten und Tanks, die gerade gereinigt werden, immer wieder an…

Ein Umbau tut Not!

CIP-Vorlauf und CIP-Rücklauf müssen getauscht und „Prallbleche" in die Reinigungstanks eingebaut werden. Somit wird aus der Stapel-CIP eine Art „selbstreinigende Stapel-CIP".

Das Besondere am Umbau sind die neuen Prallbleche. Sie werden zu einer Art Quellboden mit Schlitzen von ungefähr 3 bis 5 mm Weite *zwischen* CIP-Rücklauf und CIP-Vorlauf eingepasst. Letzterer ist nun über dem CIP-Rücklauf angeordnet. Die Anzahl der Prallbleche wird einerseits vom Tankdurchmesser bestimmt, aber anderseits vor allem von der Einbringung, also von der Nennweite des Mannlochs oder Handlochs. Der CIP-Rücklauf sollte möglichst „tangential" eingeleitet werden. Beispielsweise durch ein innerhalb des Tankstutzens angeheftetes Leitblech (siehe **Skizze XII.1).**

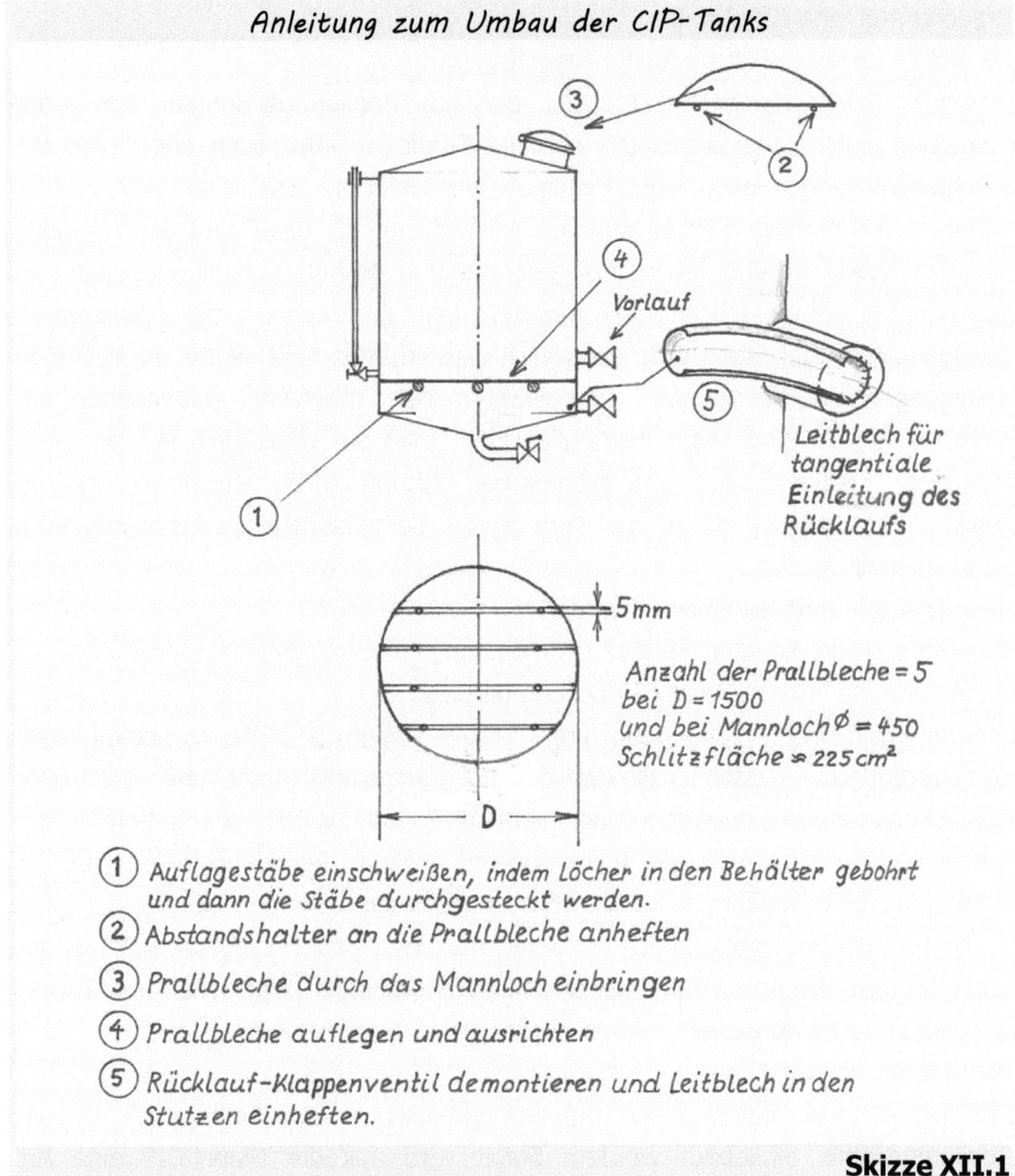

1) Auflagestäbe einschweißen, indem Löcher in den Behälter gebohrt und dann die Stäbe durchgesteckt werden.

2) Abstandshalter an die Prallbleche anheften

3) Prallbleche durch das Mannloch einbringen

4) Prallbleche auflegen und ausrichten

5) Rücklauf-Klappenventil demontieren und Leitblech in den Stutzen einheften.

Skizze XII.1

So bewirkt die CIP-Rücklauf-Einleitung den Effekt wie beim Rotapool (Whirlpool). Schmutzpartikel werden zu einem Schlammbrei zusammengezogen. Das Aufwirbeln der Schmutzpartikel in den Einzugsbereich des Vorlaufs wird somit vereitelt. Mithin kommen bei der Reinigung beispielsweise eines Gärtanks, *nicht* immer wieder dieselben Schmutzpartikel in diesen Gärtank.

Der Quellboden teilt den Reinigungstank nun in 2 Zonen:
Die untere bleibt Schlammzone, aber die obere wird nun zur Sauberzone. Und die Schlitze sind quasi die Schleuse zwischen verschmutzter und unverschmutzter Reinigungslösung. Die Umbaumaßnahmen sorgen für eine von Schmutzpartikeln nahezu freie Reinigungslösung in der Sauberzone. Natürlich ist nun das Volumen der verwendbaren Reinigungslösung geringer, denn ein Teil der Reinigungskraft liegt ja quasi verloren mit den Schmutzpartikeln in der Schlammzone – gut so. Weil jedoch das Volumen der Schlammzone nicht mehr für die Reinigung verfügbar ist, reicht der Reinigungstank-Inhalt möglicherweise nicht mehr aus. Kann das passieren?
Nehmen wir an, der Reinigungstank (zylindrische Höhe 1,5 m, Ø 0,95 m) hat einen Gesamtinhalt von 1000 Litern. In der Schlammzone sind ungefähr 300 Liter. Die Reinigungs-Vorlaufpumpe ist ausgelegt für eine Fördermenge von 20 m³/h, entsprechend der Sprühkopf-Durchsatzmenge zur Reinigung von Tanks mit bis zu 10 m Höhe und bis zu 3,5 m Durchmesser. Nehmen wir weiter an, dass es ungefähr eine Minute dauert, bis die entnommene Reinigungsmittelmenge in den Reinigungstank zurückkommt. Währenddessen hat die CIP-Vorlaufpumpe gut 300 Liter aus dem Reinigungstank herausgepumpt. Also sind noch immer 400 Liter saubere, nutzbare Reinigungslösung im Reinigungstank, völlig ausreichend, um einen 200 m längeren Reinigungs-Kreislauf DN 50 zu füllen.
Ganz schlimm wird's also nicht.
Aber wenn's doch nicht reicht?
Das wäre der absolute Ausnahmefall!
Hier käme dann die Funktion „Neuansatz" ins Spiel. Jetzt wird die während der Reinigung nicht mehr verfügbare Menge mit neuer Reinigungslösung ersetzt. Die in diesem Fall notwendige Reinigungslösung wird im „neuen" Mischtopf-Modul mit Wasser und Konzentrat aufbereitet (siehe nachstehende **Skizze XII.2**).
Daraus folgt aber, dass der beteiligte Stapel-Behälter überläuft, wenn die Reinigungslösung gegen Ende des Reinigungsschrittes zurückgepumpt wird. Eben deshalb muss die Schlammzone genau *vor* diesem letzten Zurückpumpen verworfen werden.

Im Normalfall erfolgt die Entsorgung der Schlammzone abhängig vom Verschmutzungsgrad oder auch nach einer entsprechenden Anzahl Reinigungen. Der „Schlammbrei" kommt dann entweder direkt ins Abwasser oder zuvor noch in einen extra Neutralisationsbehälter.

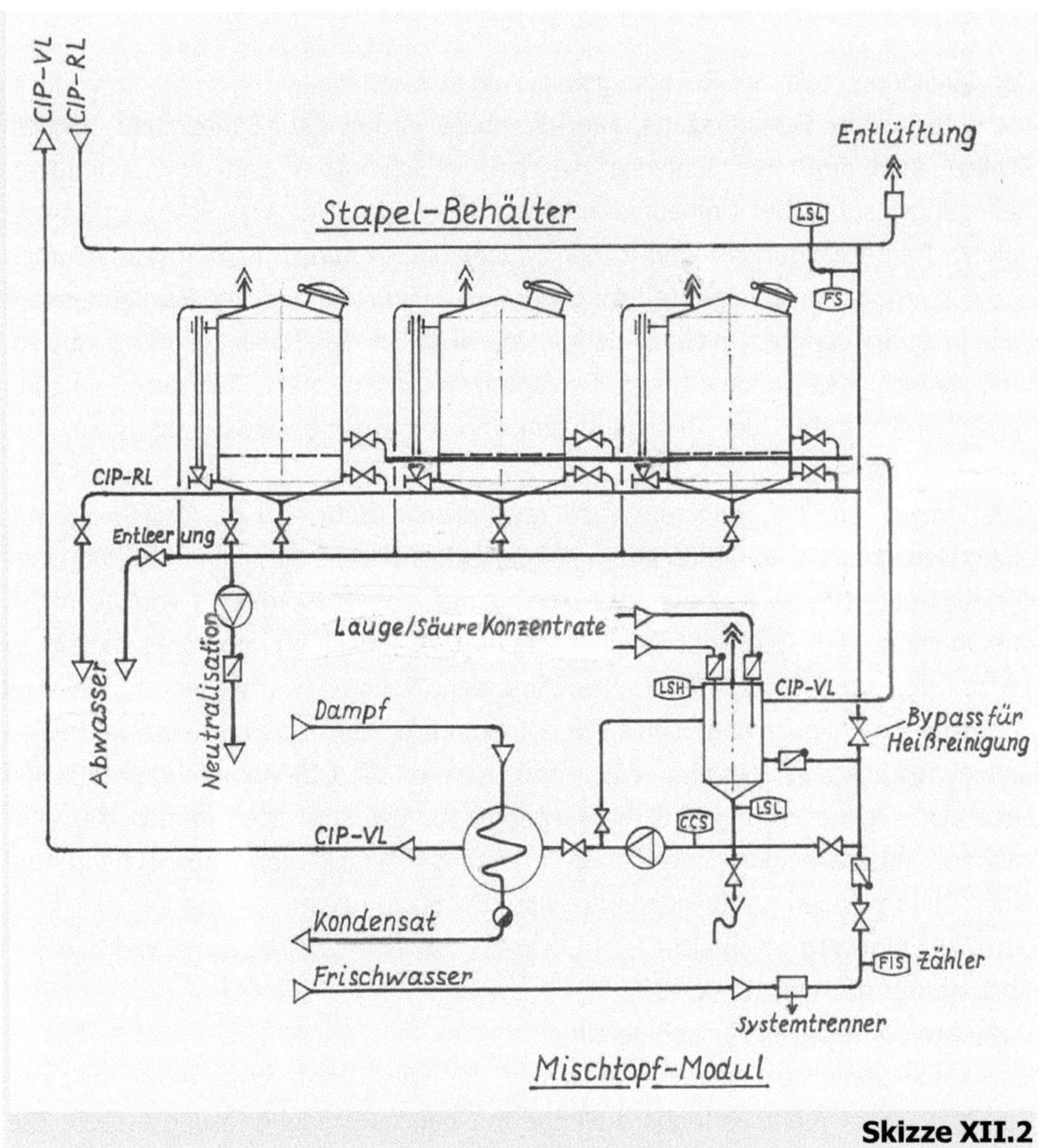

Skizze XII.2

Der neue Mischtopf ist ein kleiner Tank, worin die in der Schlammzone quasi verlorene Menge des gerade an einer Reinigung beteiligten Stapel-Behälters neu angesetzt wird, vielleicht auch in zwei Chargen. In unserem Beispiel wäre der Mischtopf auch für die gesamte Charge von ca. 300 Liter durchaus noch „zierlich" genug.

In diesem Mischtopf wird die gewünschte Reinigungslösung mit Frischwasser und Lauge- oder Säurekonzentrat durch Umpumpen genau auf den gewünschten Leitwert vorgemischt. Mithin ist die „Korrosion der Heizrohre" im nachgeschalteten Wärmetauscher wegen etwaiger Überdosierung mit Säure-Konzentrat nicht zu besorgen...

Selbstverständlich kann die Funktion „Neuansatz" jederzeit auch separat genutzt werden, unabhängig von den Stapel-Behältern. Und der Reinigungsablauf wird durch den Umbau auch nicht auf einen ganz bestimmten Ablauf festgelegt – ganz im Gegenteil. Das quasi autarke Modul mit dem „neuen" Mischtopf ermöglicht nun mehrere verschiedene Funktionen:

1. Neuansatz während eines Reinigungsablaufs
2. Separate Neuansatz-Reinigung für eine spezielle „verlorene" Reinigung
3. Neuansatz-Reinigung mit anschließender Stapelung
4. Heißreinigung als „verlorene" Reinigung
5. Heißreinigung mit Stapelung, ohne nachfolgende Tank-Reinigung
6. Heißreinigung mit nachfolgend gewollter „warmer" Tank-Reinigung"

Die hier bei der 6. Funktion durch Stapelung resultierenden Mischtemperaturen sind beispielsweise zur Reinigung von Weizenbier-Gärtanks eine willkommene Zutat, gerade bei der Reinigung mit Lauge. Die „warme" Mischtemperatur wird von den an der Mischung beteiligten Mengen mit ihren Temperaturen bestimmt.

<u>Beispiel:</u>

Stapelbehälter-Menge = 1000 kg (Liter)
Temperatur   = 15°C
Heißkreislauf-Menge   = 300 kg (Liter)
Vorlauf-Temperatur   = 80°C

$$\text{CIP-Mischtemperatur} = \frac{1000 \text{ kg} \cdot 15°C + 300 \text{ kg} \cdot 80°C}{1000 \text{ kg} + 300 \text{ kg}}$$

$$= \frac{15.000 \text{ kg °C} + 24.000 \text{ kg °C}}{1.300 \text{ kg}} = \textbf{30°C}$$

<u>Fazit:</u>

Ein Umbau der bisherigen Stapel-CIP zu einer kombinierten „Neuansatz-Stapel-CIP" ermöglicht mehrere neue Anwendungen. Nun können Reinigungslösungen und Reinigungszeiten genauer auf den Anwendungsfall ausgerichtet werden. Das bringt Sicherheit, nicht nur gefühlsmäßig. Die Resultate werden planbar, auch kontomäßig. Und die Umwelt wird Gewinner.

Haltbarmachung und Abhängigkeiten

XIII. Die KZE ist eine spannende Geschichte

Nicht jede Brauerei muss sich mit diesem Thema befassen.

Wozu auch? – solang ihr Bier zeitnah nach der Reifung ausgeschenkt wird. Aber falls das Bier in Flaschen kommt, wird's schon interessanter. Und wenn das Flaschenbier im Supermarkt verkauft werden soll, dann wird's ernst. Nun muss über das Thema „**K**urz-**Z**eit-**E**rhitzung" nachgedacht werden.

Da kommen einige Fragen auf:

- Wann ist genug heißes Wasser oder genug Dampf verfügbar?

- Kommt die Energie auch vom 82°C Brauwassertank oder *nur* vom Dampfkessel?

- Muss die KZE am selben Tag wie die Abfüllanlage in Betrieb sein?

- Kann die KZE eine andere Leistung als Flaschenfüller oder Fassfüller haben?

- Und wie wird mit dem Bier umgegangen, wenn die Leistungen verschieden sind?

- Wo wird das pasteurisierte Bier bis zur Abfüllung aufbewahrt?

Logischerweise sollte die Bier-Kurzzeit-Erhitzung unmittelbar vor der Abfüllung gemacht werden. Wenn aber zum Zeitpunkt der Abfüllung die betriebliche Energieversorgung nicht ausreichend gesichert ist, oder wenn die Leistung der Abfüllanlage nicht kompatibel mit der KZE ist, was dann?

Fragen über Fragen…

Doch es gibt eine Lösung für diese „KZE-Probleme":

Die KZE-Funktionen müssen unabhängig vom Brauerei-Ablauf sein. Unabhängig von den Anlagen vor und nach der KZE, mithin unabhängig von den Leistungen der Filtration und der Abfüllung. Für diese Unabhängigkeit braucht man einen neuen Puffertank und zudem muss ein Drucktank leer und sauber bereit stehen. Und dann?

Dann schließt man einen vollen Drucktank an die KZE an, pasteurisiert das Bier und befüllt den leeren, gereinigten, neuen Puffertank. Somit wird dieser voll und der Drucktank leer. Nun kann ohne Unterbrechung ein weiterer Drucktank entleert, pasteurisiert und der schon zu Beginn der Kurzzeiterhitzung bereitstehende, saubere Drucktank befüllt werden. Inzwischen reinigt man den zuvor leer gewordenen Drucktank, der ja bald wieder befüllt wird, diesmal jedoch mit pasteurisiertem Bier. Dieser Ablauf wiederholt sich, bis alle Drucktanks pasteurisiert sind. Natürlich muss die beteiligte Drucktankausrüstung und Verrohrung immer zuvor gereinigt, aber vor allem so beschaffen sein, dass der KZE-Betrieb nicht gestört wird.

Was soll schon stören?

Also, zuerst wird die KZE mit Wasser auf Betriebstemperatur gebracht. Dann kommt das nicht pasteurisierte Bier aus dem Drucktank in die KZE, wobei das Wasser in den Gully verdrängt wird. Wenn nun das pasteurisierte Bier aus der KZE herauskommt, muss das Ventil zum Puffertank geöffnet und das Gullyventil behutsam geschlossen werden. Also platzen wird hoffentlich nichts, denn eigentlich sollte die KZE extra gegen Überdruck mit einem *Sicherheitsventil* ausgerüstet sein. Aber wer öffnet den nächsten Drucktank, wenn der gerade pasteurisierte leer wird? Oder wer verschließt den Drucktank, wenn die KZE wegen Untertemperatur in den Betriebsmodus „Ausschieben" schaltet und wenn sich dadurch das Gullyventil bei der KZE öffnet?

Also, man merkt schon:

Unabhängigkeit heißt nicht Unaufmerksamkeit!

Die KZE arbeitet zwischen Drucktanks, mithin zwischen Speichern. Speicher bewirken nur eine Zeitlang Unabhängigkeit, und zwar von der Filter-Leistung, und ebenso von der Füllerleistung. Aufpassen muss man immer, trotz Steuerung!

Nehmen wir an, das wöchentlich gebraute Bier wird an einem einzigen Wochentag abgefüllt. Wenn aber die Energieversorgung und womöglich auch die sonstigen Betriebsabläufe die gleichzeitige Pasteurisation nicht zulassen, was dann?

Dann wäre es doch günstig, wenn die abzufüllende Biermenge schon fertig pasteurisiert und gekühlt nur noch auf die Abfüllung am nächsten Tag warten muss. Somit sind einzig die Betriebsabläufe in der Abfüllung dafür zuständig, ob und wie das Bier in die Flasche und ins Fass kommt. Diese Überlegungen erzeugen womöglich die Idee vom alleinigen großen Puffertank, worin die gesamte pasteurisierte Biermenge auf die Abfüllung wartet. Besser nicht! Von der Aufstellung mal abgesehen, hätte dieser alleinige, unmittelbar vor der Abfüllung stehende, große Puffertank auch Nachteile. Doch mehr davon in den nächsten Kapiteln…

Unsere Beispiel-Brauerei hat Drucktanks mit je 103 hl Inhalt, also für 100 hl Bier und 3 hl CO_2. Für unser Vorhaben bräuchte man noch einen Puffertank dazu; vielleicht einen etwas größeren, beispielsweise mit 109,4 hl. Dieser Puffertank hätte einen Durchmesser von 2 m und eine Höhe von 3,8 m – ohne Füße. So, jetzt hängt die gelungene Kurzzeiterhitzung neben der Strom- und Druckluftversorgung nur noch von der Wärme-Energieversorgung, der Temperaturregelung und von der Steuerung ab. Die Steuerung sorgt dafür, dass nur einwandfrei pasteurisiertes Bier zur Abfüllung kommt. Weil Bier, das bei der Kurzzeiterhitzung (Pasteurisation) die erforderlichen Pasteur-Einheiten (PE) nicht erreicht hat, auch nicht zum bereits einwandfrei pasteurisierten Bier hinzukommen darf…

Deshalb schaltet die KZE bei mangelhafter Pasteurisation in den Betriebsmodus „Ausschieben". Daraufhin wird gutes Bier *in den Gully* ausgeschoben; – und nur deswegen, weil es zu wenig Pasteur-Einheiten abbekam.

„Das ist ja – also mit Verlaub, das ist echt sch... schlecht!

Das dürfte nicht so gemacht werden!" – sagte sich Rudi.

Aber wenn doch, weil es üblich ist?

Dann muss das eben geändert werden, und zwar so, dass dieses gute Bier in einen separaten Drucktank für noch **n**icht **p**asteurisiertes Bier – „NP-Bier" kommt (siehe nachstehende **Skizze XIII.1**).

Und dieser separate NP-Bier-Drucktank hat es in sich, wie gleich ersichtlich wird. Der Inhalt des NP-Bier-Drucktanks ist doppelt so groß wie der KZE-Inhalt. Bei jeder Störung, die zum „Ausschieben" führt, wird das in der KZE befindliche Bier in den kleinen Drucktank für NP-Bier ausgeschoben. Eine Fehlbedienung führt das gute Bier also nicht gleich in den Gully. Es kommt somit nicht zu diesem völlig unnötigen Schwand. Es wäre eigentlich auch eine (kleine) Katastrophe; die hätte von jeher verhindert werden müssen. Aber Fehler passieren eben, manchmal sogar öfter...

Und jede Störung – siehe Tabelle – löst auch die Signalgeber „Hupe und Blitzlampe" aus.

Störung	Ursache	Auslösendes Instrument
Untertemperatur	Ausfall der Erhitzung, Dampf oder heißes Brauwasser fehlt	TIC -Heiß- Brauwasser bzw. TIC -Heißhalter
Überdruck	Ein Ventil zum gerade zu befüllenden Drucktank ist zu	PIS -Heißhalter
Kein Durchfluss	Ventil zwischen dem gerade zu entleerenden Drucktank und der KZE ist geschlossen oder der Drucktank ist leer	LSL/FS Saugseite KZE-Pumpen
Großer Puffertank ist voll	Ventil-Fehlbedienung	LSA-Puffertank
Ausschubmenge in Drucktank NP-Bier ist erreicht	Vorausgegangene Störung	FIC-KZE

Eben deswegen schaltet die Steuerung in den Betriebsmodus „Ausschieben". Nun öffnet das Warmwasserventil oder optional das Karbo-Wasserventil. Somit wird das in der KZE befindliche Bier ausgeschoben. Nun in den Drucktank für NP-Bier!!!

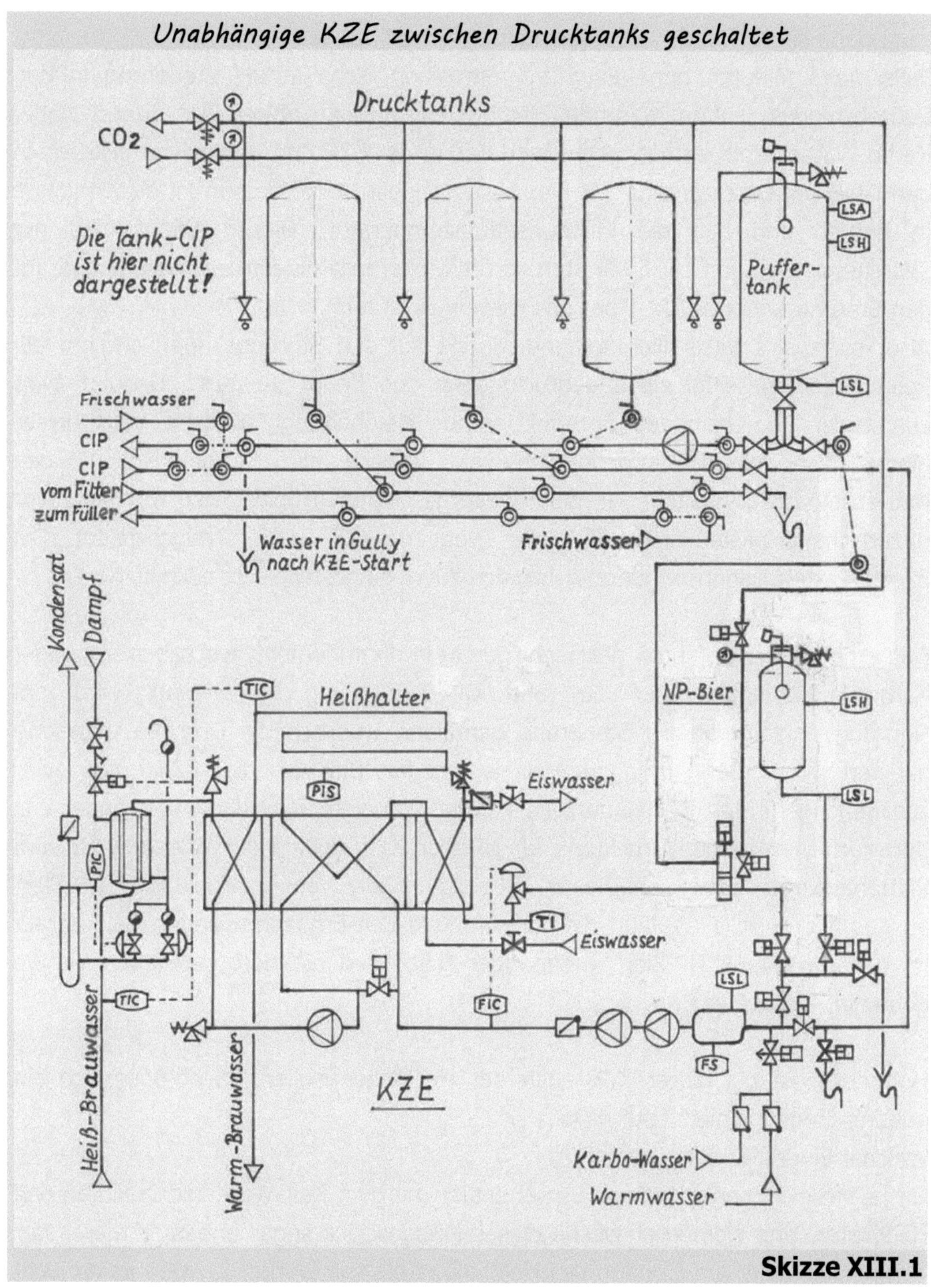

Skizze XIII.1

Außerdem hupt und blitzt es, bis jemand kommt, auf den Störungsknopf drückt und die Störung somit quittiert. Danach macht die KZE eine kleine Pause, sagen wir mal 5 Minuten lang. Genug Zeit also,
- um die Fehlfunktion zu beseitigen,
- um dann die KZE in den Betriebsmodus „Restart" zu setzen.
Falls die 5 Minuten ohne Eingriff verstreichen, schaltet die Steuerung in den Betriebsmodus „intermittierende Heißhaltung". Dazu öffnet das Warm- oder Karbo-Wasserventil erneut. Somit wird das in der KZE nun befindliche *Wasser* in den Gully am Drucktank für NP-Bier ausgeschoben. Unterdessen ist die Erhitzung in Betrieb und hält die Pasteurisationstemperatur. Dieser Ablauf wird mit Zwischenpausen von ca. 5 Minuten so oft wiederholt, bis jemand kommt und auf den Störungsknopf drückt. Aber das wissen wir ja nun…
Also, es kommt tatsächlich Jemand, drückt auf den Störungsknopf, erkennt die Fehlfunktion, beseitigt sie und drückt dann den Knopf „Restart". Dadurch wird zuerst der Betriebsmodus „intermittierende Heißhaltung" aktiviert, falls dieser Modus nicht gerade sowieso aktiv ist. Danach wird automatisch in den Betriebsmodus „Drucktank NP-Bier" weitergeschaltet. Nun ist also für das zuvor unzureichend pasteurisierte Bier der Weg zur KZE wieder freigeschaltet. Die exakte Pasteurisationstemperatur hat sich zuvor eingestellt – ist doch klar.

Das erneute Bier-Anfahren geschieht genau in dem Moment, wo das Warm- oder Karbo-Wasserventil wieder „Zu" fährt. Die Zu-Stellung dieses Ventils wird vom Nährungs-Initiator an die Steuerung gemeldet, wodurch die Durchflussmessung aktiviert wird. Denn nun kommt ja wieder Bier in die KZE, und zwar zusammengeführtes Bier. Einerseits kommt Bier vom Drucktank und anderseits nun auch vom kleinen Drucktank für NP-Bier. Und sobald der Wasserinhalt vom Plattenapparat samt Heißhalter in den Gully am „Drucktank NP-Bier" ausgeschoben ist (FIC), läuft die normale Kurz-Zeit-Erhitzung wieder. Bald darauf ist der „Drucktank NP-Bier" wieder leer (LSL) und die dort beteiligten Ventile gehen in „Zu-Stellung".

Hoffentlich ist bei dieser KZE auch der Heißhalter isoliert, nicht dass sich ein äußerer Eingriff schlecht auswirkt…
Welcher Eingriff könnte das sein?
Na ja, vielleicht spritzt jemand versehentlich mit dem Kalt-Wasserschlauch an den Heißhalter. Und womöglich bliebe dieses Missgeschick sogar unbemerkt, weil der Temperaturfühler am Eingang des Heißhalters plaziert wurde. Ja wäre es da nicht besser, man installiert den Temperaturfühler am Ausgang des Heißhalters?

Nein, schlechter, viel schlechter!

Weil eine etwaige Unterpasteurisation ungefähr 30 Sekunden zu spät gemeldet würde! Womöglich sogar mehrmals täglich. Und jedes Mal kämen etliche Liter nicht oder unzureichend pasteurisiertes Bier (NP-Bier) in den Puffertank oder in den Drucktank zur Abfüllung. Nur wenn der Temperaturfühler am Eingang des Heißhalters plaziert ist, hat die Steuerung noch ca. 20 Sekunden Zeit, um den Weg zum „Puffertank NP-Bier" frei zu schalten; genug Zeit also, um die biologische Unsicherheit zu verhindern.

Ja wär's denn so schlimm, wenn man mal kurz an den Heißhalter spritzt?

Nicht, wenn er isoliert ist! Das sollte nun klar sein. Vielleicht baut man um den Erhitzer des Plattenapparats ja auch noch einen Blechmantel, schaden kann das ganz sicher nicht. Im Übrigen darf sich das erhitzte Bier im Heißhalter dann nur um *0,3°C abkühlen*, sonst ist die Kurzzeiterhitzung gescheitert. Dieser Wert von 0,3°C stellt an die Temperaturregelung, aber auch an die Durchflussregelung höchste Ansprüche. Wenn die KZE beispielsweise von Halblast auf Volllast hochgefahren wird, muss dieser Vorgang sehr behutsam, ganz präzise ausgeführt werden. Schwankungen beim Durchfluss können Temperatur-Schwingungen bewirken, mit fatalen Folgen. Deshalb ist es entscheidend, dem „Hochfahren" auf Volllast genügend Zeit zu geben. Denn würde der Durchfluss schlagartig auf das Doppelte ansteigen, dann müsste das Bier sofort um 2,1°C höher temperiert aus dem Erhitzer kommen. Ohne diese sofortige Temperaturerhöhung bekäme das Bier zu wenige Pasteur-Einheiten (PE) verabreicht, weil es ja nun viel schneller fließt, mithin auch den Heißhalter schneller verlässt. Theoretisch lässt sich der Zeitablauf von Halblast auf Volllast bestimmen...

Aufgrund der Temperaturerhöhung von 2,1°C und der Heißhaltezeit von 30 Sekunden bei 0,3°C tolerierbarer Abweichung ergibt sich fürs *Hochfahren* der Notwendige Zeitablauf:

$$\frac{30 \text{ Sekunden} \cdot 2,1°C}{0,3°C} = 210 \text{ Sekunden}.$$

3,5 Minuten soll also das Hochfahren von Halblast auf Volllast theoretisch dauern, um die notwendigen Pasteur-Einheiten bei tolerierbarer Temperaturabweichung während der Heißhaltezeit einzuhalten. Wohlgemerkt theoretisch!

So lange?

Eigentlich noch länger!

Geduld gehört nun mal zum Bierbrauen. Die in der Praxis tatsächliche Dauer wird im nachfolgenden Kapitel erläutert. Bei der Betriebsweise „unabhängige KZE" kommt dieser Vorgang sowieso immer nur beim Wechsel „Wasser – Bier" vor, also beim Anfahren der KZE. Es sei denn, man wollte die KZE aus betrieblichen Gründen auch mal in der Weise betreiben, dass Bier direkt zum zeitgleich laufenden Füller gefahren wird. Doch dann käme die KZE in die Abhängigkeit der Füllerleistung. Das ist jedoch eine ganz andere Geschichte, gleichwohl spannend.

XIV. KZE und KZE-Puffertank spielen im Takt des Füllers

Das Bier kommt aus dem Lagerkeller, wird filtriert, kommt in die Drucktanks und schon beginnt die Abfüllung. Aber vorher wird noch pasteurisiert! Schön, wenn alles so abläuft, so synchron. Allerdings ist eine Brauerei kein Fließbandbetrieb. Da kommt auch mal was dazwischen, beispielsweise in der Abfüllung. Womöglich wird diese Woche an anderthalb Tagen abgefüllt; kann ja mal vorkommen. Und so passen nun KZE-Bereitschaft und Abfüll-Tagesleistung überhaupt nicht mehr zusammen…

Nun könnte ja pasteurisiert werden, wie im XIII. Kapitel beschrieben, also mit der quasi „unabhängigen KZE". Wenn jedoch der Zeitverzug zwischen Kurz-Zeit-Erhitzung und Abfüllung nicht akzeptiert wird, oder auch der dazu notwendige Aufbewahrungs-Zwischen-Tank nicht akzeptiert wird, dann passt natürlich diese Arbeitsweise nicht. Dann entfällt aber auch die systematische Ausnutzung des heißen Brauwassers (siehe VI. Kapitel). In diesem Fall müsste die gesamte Wärme-Energie zur Kurz-Zeit-Erhitzung zeitgleich zur Abfülllung erzeugt werden. An solchen Tagen braucht's mehr Dampf, viel mehr. Die Ausführung der KZE ändert sich deswegen nicht. Doch über Installation und Ausgestaltung des KZE-Puffertanks sollte man schon nachdenken…

Der KZE-Puffertank gleicht die variable Abfüllgeschwindigkeit des Füllers durch variablen Füllstand aus, wonach wiederum die KZE ihre Arbeitsweise ausrichtet. Und er ist ein geschlossener Tank, mithin ein Drucktank, der mit Produkt verträglichem CO_2 vorgespannt wird. Der CO_2-Überdruck hält bekanntlich die schädlichen Sporen und Keime fern, die sonst über die Abdichtungen notwendiger Einbauten ins Tankinnere vordringen könnten. Der CO_2-Überdruck drückt aber auch das Bier/Getränk schonend zur Füllerpumpe. Um die Reinheit des Vorspann-CO_2 zu gewährleisten, empfiehlt sich die Installation eines Steril-Filters in die CO_2-Zuführungsleitung unmittelbar vor der CIP-Luftleitung am Tank. Der KZE-Puffertank ist ein „atmender Tank". Er muss auf seine wechselnden Füllstände mit konstantem Druck reagieren, weil der Füller schwankenden Druck nicht gut vertragen kann. Und alles was im KZE-Puffertank drinnen ist, kommt auch in die Flaschen, Dosen und Fässer. Damit jedoch nichts anderes als das reine Bier/Getränk hinein kommt, stellen sich weitere grundlegende Anforderungen an das Design des KZE-Puffertanks:

- glatte (aseptische) Oberflächen
- CIP-fähige Formen/Ausrüstung

Auf die Frage, welchen Inhalt der KZE-Puffertank haben soll, wird oft die Gegenfrage gestellt:

„Wie lange soll der KZE-Puffertank einen etwaigen Füller-Stillstand überbrücken?"

So, nun erscheinen einem die Bilder vom steigenden Füllstand im KZE-Puffertank, solange wie an der Füllerlinie irgendeine Störung beseitigt wird. Dass aber eine Faustregel zur Bestimmung des Puffertankinhalts, abgeleitet aus Füller-Stillstandszeit bzw. Reparaturdauer nur bedingt geeignet ist, wird spätestens dann klar, wenn bei fast 3/4-vollem Puffertank der Füller komplett ausfällt. Doch wenn in der Füllerei kaum Unregelmäßigkeiten vorkommen, dann wird der Puffertank eher im unteren Bereich gefahren. Also wäre der Puffertank für die meiste Zeit viel zu groß, mithin das angelegte Geld verschenkt…

Und sowieso wird bei andauerndem Füller-Stillstand nach geraumer Zeit der Ausschiebe-Füllstand erreicht, woraufhin die KZE (Steuerung) ihren Bier-Inhalt mit Wasser in den Puffertank ausschiebt. Danach schaltet die KZE ja in den intermittierenden Betriebsmodus „stand-by – nachwärmen" mit Wasser auf Gully. Durch ein entsprechendes Tankvolumen könnte ohne weiteres das Erreichen des Ausschiebe-Füllstandes hinausgezögert werden, fragt sich nur, ob das was bringt, bzw. ob die Störungsdauer an der Füllerlinie vorhersehbar ist. Indessen wird der Gesamtinhalt des KZE-Puffertanks aus den Teilvolumina und deren Füllständen gebildet (siehe nachstehende **Skizze XIV.1**).

<u>Die Puffertank-Teilvolumina</u> werden unter Berücksichtigung folgender Gegebenheiten berechnet:

Die Reinigungsarmatur – beispielsweise der Sprühkopf, reicht vom Tanktop 500 mm in den CO_2-Raum hinab. Er sollte nicht in das Getränk/Bier eintauchen. Zwischen Reinigungsarmatur und höchstem Füllstand muss deshalb ein Mindest-Abstand sein, sagen wir mal 100 mm. Aus den beiden Distanzen 500 mm + 100 mm ergibt sich das *Normal-CO_2-Volumen*. Dieses Normal-CO_2-Volumen muss jedoch zumindest so groß sein wie die Summe der 3 Teilvolumina
- Sicherheits-CO_2-Volumen,
- Alarm-Ausschiebevolumen = KZE-Inhalt,
- Mindest-Abstandsvolumen zwischen Sprühkugel und höchstem Normal-Füllstand.

Das Sicherheits-CO_2-Volumen sollte mindestens die Hälfte des Alarm-Ausschiebevolumens betragen, also die Hälfte des KZE-Inhalts. Denn dieses Sicherheits-CO_2-Volumen ist quasi das Druckpolster für die Gasdruck-Regelung. Es muss genügend groß sein, damit die Gasdruck-Regelung nur ganz kleine Druckschwankungen zulassen muss, die für den Füller eben noch tolerierbar sind.
Warum braucht es dieses Sicherheits-CO_2-Volumen?
Weil es ja irgendwann mal passieren könnte, dass die kontinuierliche Niveau-Messung nicht funktioniert.

Daraufhin käme der Produktfluss ungefähr 250 mm bis höchstens 200 mm unterhalb vom Tanktop schließlich zum Stillstand. Denn die Füllstands-Sonden waren und sind ja weiterhin hoffentlich intakt, und darum hätte die Alarm-Vollmeldesonde das Alarm-Ausschieben der KZE ausgelöst. Das Alarm-Ausschiebevolumen bei der KZE unseres Beispiels mit 10 m^3/h Nennleistung ist beispielsweise 0,4 m^3.

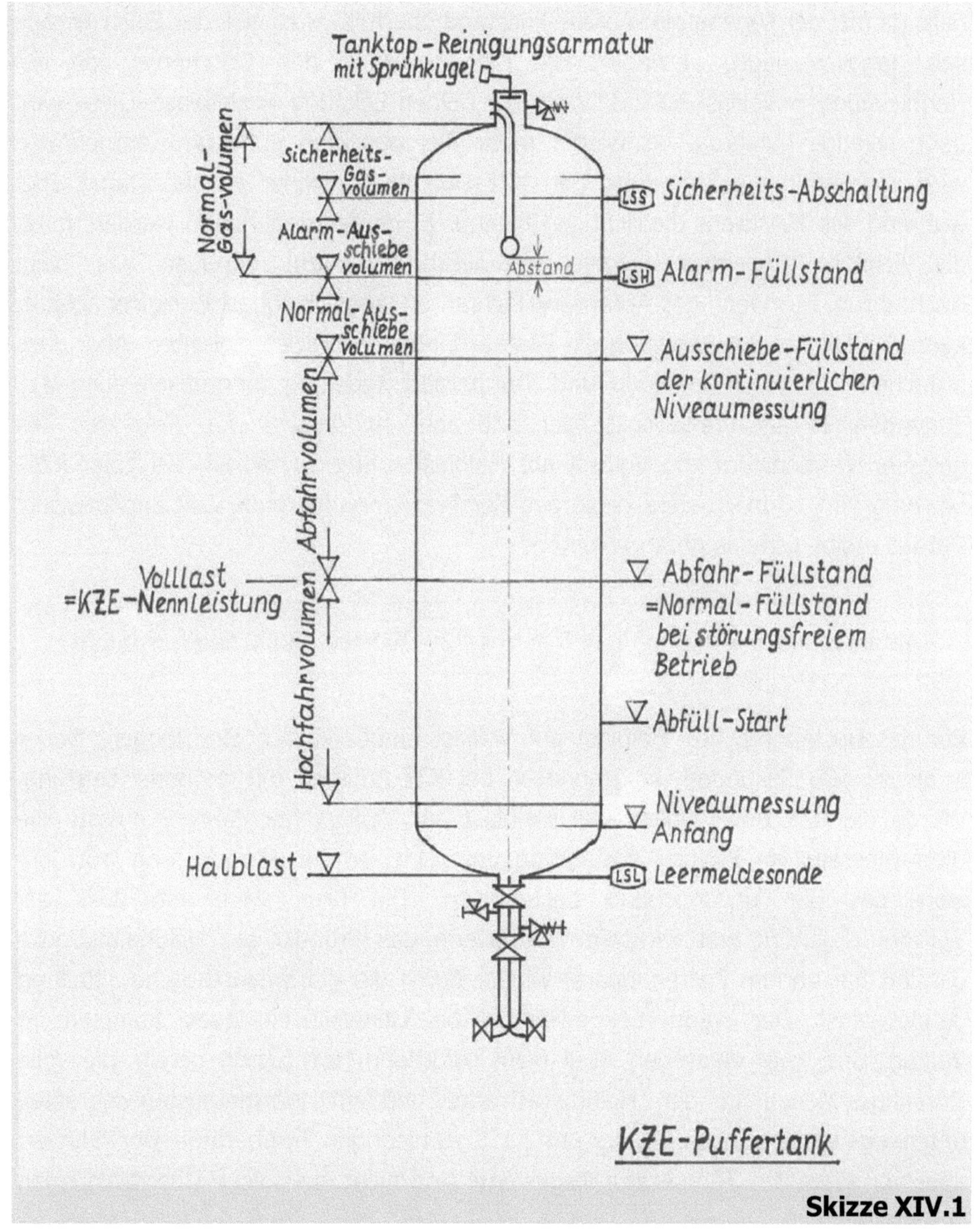

Skizze XIV.1

Das wäre auch der KZE-Inhalt, gemessen vom Ausschiebewasser-Anschluss bis zum Puffertank-Einlauf. Und dieser KZE-Inhalt wird im Alarmfall als Alarm-Ausschiebevolumen noch in den Puffertank ausgeschoben. Es wird noch Platz finden, ohne dass die Sicherheits-Abschaltungs-Sonde eingreifen muss. Die Sicherheits-Abschaltungs-Sonde ist nämlich die letzte Sicherheits-Instanz. Sie schaltet die KZE sofort ab. Somit stoppt der Bierfluss 150 mm unterhalb vom Tanktop. Doch derlei elektrische Eingriffe erfolgen im normalen KZE-Betrieb nicht. Falls da mal der sogenannte Abfahr-Füllstand überfüllt wird, weil der Füller gerade sehr langsam läuft, verringert die KZE-Steuerung den Durchfluss von der Nennleistung = Volllast sukzessiv bis zur halben Leistung = Halblast. Diese wird dann solange gefahren, bis wieder mehr Bier aus dem Puffertank entnommen wird, woraufhin die Steuerung den KZE-Durchfluss wieder erhöht. Damit aber während des Abfahrens die richtigen Pasteur-Einheiten eingehalten werden, muss die Erhitzer-Temperatur präzise nachgeführt werden, genauso wie beim Hochfahren. Nur wenn das Abfahren/Hochfahren langsam, quasi Ruck frei abläuft, kann die Temperatur-Regelung die Pasteur-Einheiten präzise einhalten. Aber dazu brauchen Durchfluss-Regelung und Temperatur-Regelung theoretisch eben 210 Sekunden. In der Praxis sollte der KZE aber *mindestens 300 Sekunden* Zeit gelassen werden, um von Volllast auf Halblast runter zu fahren. Bei einer KZE-Leistung von 10 m³/h wäre diese aus der Praxis resultierende Zeit angemessen. Daraus ergibt sich das Abfahrvolumen:

Abfahrvolumen = (10 m³/h + 5 m³/h) : 2 · 300 sec : 3600 sec/h = 0,6 m³

Für das Hochfahren von Halblast auf Volllast empfiehlt sich eine längere Dauer – bis zu 600 Sekunden, insbesondere bei KZE-Anlagen mit größerer Leistung. Würde die KZE unverzüglich von Halblast auf Volllast hochfahren, müsste die Biertemperatur im Erhitzer schlagartig um 2,1°C erhöht werden, und trotzdem wäre das Bier unzureichend pasteurisiert. Die Krux dabei ist, dass der Wärmerückgewinn erst wirksam wird, wenn das Produkt die Heißhaltestrecke passiert hat und im Plattenapparat wieder durch die Wärmeaustauscherabteilung geflossen ist. Der Wärmerückgewinn ist bei Lastwechseln quasi komplett im Verzug. Und zwar deswegen, weil beim sofortigen Hochfahren bereits die volle Durchfluss-Menge in der Heißhaltestrecke und im Wärmetauscherabteil unterwegs ist, aber noch mit der um 2,1°C zu niedrigen Temperatur. Der Erhitzer, aber vor allem das Temperatur-Regelventil sind nicht auf solche Überraschungen vorbereitet...

Nachfolgende Berechnungsbeispiele verdeutlichen die Auswirkungen auf die Erhitzungs-Temperatur bzw. auf die Temperatur-Regelung der KZE mit Nennleistung 10 m³/h, Wärmerückgewinn 92% und Pasteurisationstemperatur 75°C (Weizenbier) bei Lastwechseln:

Im Normalfall muss der Erhitzer das Weizenbier um 7°C hoch heizen,
somit ist bei Nennleistung und beim wirksamen Wärmerückgewinn die
Erhitzerleistung = 10.000 kg/h · 4,2 kJ/kg°C · 7°C
= 294.000 kJ/h ≈ 82 kW

Bei Halblast und beim wirksamen Wärmerückgewinn ist die
Erhitzerleistung = 5.000 kg/h · 4,2 kJ/kg°C · 7°C
= 147.000 kJ/h ≈ 41 kW

Bei Volllast, ohne den noch nicht wirksamen (kommenden) Wärmerückgewinn muss der Erhitzer eine größere Leistung als die Nennleistung bringen, also ist die
Erhitzerleistung = 10.000 kg/h · 4,2 kJ/kg°C · (7°C + 2,1°C)
= 382.200 kJ/h ≈ 106 kW

Man sieht also, dass der Erhitzer in einer Situation wäre, wo er um das 1,3-fache überdimensioniert sein müsste, gleichfalls das Temperatur-Regelventil. Ein solchermaßen überdimensioniertes Regelventil tut sich bei Halblast wahrscheinlich sehr schwer, eine bestimmte Temperatur exakt einzuhalten. Aber ganz genau darauf kommt es eben bei der Pasteurisation (KZE) an.

Die Lösung des Problems beim „Hochfahren" ist indessen einfach:
Den Durchfluss in Schritten hochfahren…
Dabei muss die Temperatur immer schon vor jedem neuen Schritt um 0,5°C erhöht sein. Falls dieser Ablauf in der Steuerung programmiert ist, kann es nie zur Unterpasteurisation kommen, weil der Wärmerückgewinn bei normaler Wärme-Energieversorgung immer schon wirksam ist. Bei dieser Methode ist die
Erhitzerleistung = (9.500 kg/h + 500 kg/h) · 4,2 kJ/kg°C · (7°C + 0,5°C)
= 315.000 kJ/h ≈ 87,5 kW

Der Erhitzer muss hier gegenüber der Nennleistung um ca. 6% größer dimensioniert werden, gleichfalls das Temperatur-Regelventil. Mit einer solchen Überdimensionierung kommt die Temperaturregelung auch bei Halblast noch klar. Allerdings braucht es für die Anpassung des Durchflusses von Halb- auf Volllast eben bis zu 600 Sekunden Zeit.

Bei einer KZE mit 10 m³/h Nennleistung ist unter der vorstehend beschriebenen Methode das

$$\text{Hochfahrvolumen} = (5\ m^3/h + 10\ m^3/h) : 2 \cdot 600\ sec : 3600\ sec/h = 1{,}25\ m^3$$

Also ist jetzt klar, dass die Teilvolumina „Abfahrvolumen und Hochfahrvolumen" keine fixen Volumina sind. Im Gegensatz zu den Ausschiebe-Volumina und zum CO_2-Volumen sind sie von der KZE-Nennleistung und von den Reaktionszeiten abhängig. Die Reaktionszeiten fürs Abfahren und Hochfahren dürfen keinesfalls zu sehr von 300 bzw. 600 Sekunden abweichen. Sollte eventuell die Halbierung der Reaktionszeiten erwogen werden, um dadurch die Puffertank-Größe kleiner zu halten, würde dies beim schrittweisen Hochfahren eine deutlichere Erhöhung der Produkttemperatur erfordern. Dann beispielsweise um 1,5°C statt nur um 0,5°C. Aufgrund dieser deutlicheren Erhöhung der Produkttemperatur könnten einige Zwischenschritte während des Hochfahrens auf Volllast zwar eingespart werden, aber dann müsste der Erhitzer ja noch größer sein, ebenso das Temperatur-Regelventil. Demnach wäre dieses Temperatur-Regelventil um mindestens 12% überdimensioniert. Das wäre bei Halblast dann doch ein Bisschen *zu* viel, wo die Temperatur-Regelung auch schon mal mit Primär-Energie-seitigen Schwankungen genug zu tun hat…

Vor Unterschätzung dieser Umstände muss dringend gewarnt werden! Denn sollte sich bei der Inbetriebnahme zeigen, dass die Temperatur-Regelung ins Schwingen gerät, muss das Regelventil verkleinert werden. Höchstwahrscheinlich vergrößern sich dann die Anpassungszeiten für das Hochfahren und Abfahren. Das hätte zur Folge, dass bei einer *zu* genau bemessenen Puffertankgröße die KZE-Nennleistung nicht mehr erreicht werden kann.

Für eine KZE mit 10 m³/h Nennleistung wird die Mindest-Puffertankgröße aus der genauen Summe der Teilvolumina bemessen:

Hochfahrvolumen	= 1,25 m³
Mindest-Abfahrvolumen	= 0,60 m³
Normal-Ausschiebevolumen entsprechend KZE-Inhalt)	= 0,40 m³
Normal-Gasvolumen	= 1,00 m³
Mindest-Gesamtvolumen des Puffertanks	**= 3,25 m³**

Man wählt nun unter Abwägung von Einbringungsmöglichkeit, Aufstellungsort und auch Preis eine vorläufige optimale Größe. Bei dem berechneten Inhalt von 3,25 m³ hat dieser Puffertank mit 1,4 m Durchmesser eine Höhe von 2,35 m – ohne Füße. Mit 1,3 m Durchmesser ist er dann schon rund 2,7 m hoch – ohne Füße. Wie hoch der Preis ist, liegt vielleicht auch am Durchmesser. Schlank kommt womöglich auch bei Tanks gut…

Und wenn der Füller bei voller KZE-Nennleistung von 10 m³/h stehen bleibt, dann ist der Füllstand in unserem „berechneten" Beispiel-Puffertank bei etwa einem Drittel. Und schon 5 bis 6 Minuten später beginnt die KZE das Ausschieben und wird danach in den intermittierenden Betriebsmodus schalten – mit Wasser auf Gully. Reparaturen an der Füllerlinie wären somit jetzt möglich. Indessen wäre eine unvorhergesehene Reparatur während des Abfahrens, also innerhalb von nur 5 bis 6 Minuten kaum zu schaffen. Hätte man für den Puffertank dagegen einen Inhalt von beispielsweise 10 m³ „gewählt", dann bleiben für eine Reparatur, beispielsweise an der Füllerlinie, ca. 50 Minuten Zeit. Denn währenddessen würde die KZE ja schon längst im Abfahr-Modus fahren, mithin nur mit halber Nennleistung. Aber, wäre es wirklich ein Vorteil, eine dreiviertel Stunde für irgendeine Reparatur herauszuschinden, dafür aber den Puffertank 3-fach größer als notwendig zu machen?

Anders sieht es allerdings bei den Energiekosten aus. Da brächte ein größerer Puffertank schon Einsparungen. Aber eben auch nur dann, wenn am Füller öfter etwas defekt wäre. Die KZE müsste dann weniger oft in den intermittierenden Betriebsmodus schalten. Also wird auch weniger Wasser und Energie unnütz in den Gully gefahren.
Aber wie oft ist wirklich etwas defekt?
Vielleicht ist auch hier der goldene Mittelweg die Lösung:
Ein Puffertank mit 5 m³ Inhalt bringt bei einer KZE-Nennleistung von 10 m³/h rund 20 Minuten für eine Reparatur.

XV. Der KZE-Puffertank ist ein spezieller Drucktank

Bei der Ausgestaltung und Ausrüstung des KZE-Puffertanks gelten besondere Maßstäbe, erstrangig für die Innen-Tankoberfläche:

„Je glatter, desto besser der Reinigungseffekt bzw. die Sauberkeit."

Mithin ist es wichtig, die beste Edelstahlblech-Walzoberfläche zu wählen. Unabdingbar sind verschliffene Innen-Schweißnähte. Sie sollten möglichst keine größere Rauigkeit aufweisen, als die Walzoberfläche. Und eigentlich sollte der KZE-Puffertank eine Isolierung bekommen. Nur beim isolierten Tank gibt es die Gewähr, dass bei der Heiß-Reinigung oder im außergewöhnlichen Fall einer Sterilisation überall an der Tankwandung die gewünschte Temperatur herrscht. Außerdem „schwitzt" ein isolierter Tank nicht.

Und welche Ausrüstung soll der KZE-Puffertank bekommen?

Der KZE-Puffertank ist ein Drucktank! Folglich stehen vier Komponenten gemäß Druckgeräterichtlinie 2014/68/EU fest:

- Sicherheitsventil gegen unzulässigen Betriebsüberdruck

- Vakuum-Sicherheitsventil gegen negativen Betriebsdruck

- Manometer

- Mannloch

Die Sicherheitsventile müssen in unmittelbarer Verbindung mit dem CO_2-Bereich am Tank installiert sein. Mannloch und Manometer müssen selbstverständlich sichtbar, insbesondere an zugänglicher Stelle am Tank angebracht sein. Falls Bestscheiben statt der Sicherheitsventile eingesetzt werden sollen, ist eine Tank-Sterilisation mit Heißwasser von z.B. 110°C nicht möglich. Mit Berstscheiben allein geht es nicht, jedoch eignen sie sich zum Vorschalten vor die Sicherheitsventile, falls man es aus hygienischen Gründen will. Nicht dass Berstscheiben schlechte Dinge sind oder den Sicherheitsvorschriften nicht genügen würden, aber eine Berstscheibe könnte auch mal während der Sterilisation mit Heißwasser von z.B. 110°C bersten. Der KZE-Puffertank wäre dadurch plötzlich völlig offen, somit ohne CO_2-Druck. Ein großer Teil des Heißwassers würde nun schlagartig verdampfen. Es käme also zur erheblichen Nachverdampfung und zu Kondensationsschlägen im gesamten KZE-System. Und dadurch käme es eben zu einem gefährlichen Betriebszustand, zur Zerstörung von Bauteilen, bis hin zu Verletzungen des Bedienpersonals. Deswegen muss auch das sogenannte „Anliften" der Puffertank-Sicherheitsarmaturen im Fall einer Heißwasser-Sterilisation unter allen Umständen unterbleiben. Übrigens gerade auch bei der Heißreinigung, wegen der großen Verletzungsgefahr durch verspritzende, heiße Reinigungslösungen oder Ausblasen von heißem CO_2. Auch das „Ansprechen" des Sicherheitsventils gegen unzulässigen Betriebsüberdruck muss quasi vorbeugend verhindert werden.

Vorgenannte Gründe verlangen deshalb eine absolut sicher funktionierende Druckregelung. Wegen des Gefahrenpotentials sollte die Sterilisation mit Heißwasser ohnehin unterbleiben! Aber wenn der KZE-Puffertank in allen Betriebsphasen unter Druck steht, weil der Druck überwacht und geregelt wird, dann kommt doch ein negativer Betriebsdruck oder eine schlagartige Verdampfung des Heißwassers praktisch gar nicht vor…

Ja, praktisch wäre das schon die Regel. Aber es gibt eben manchmal Geschehnisse, wo etwas noch nicht so wie gedacht funktioniert, insbesondere bei der Inbetriebnahme. Oder vielleicht hat Jemand die CO_2-Leitung abgesperrt – ohne was zu sagen. So was soll auch schon mal vorgekommen sein. Und deshalb kommt gerade dann keine CO_2 in den Tank, wenn sie dringend erwartet wird. Da nützt auch das beste Manometer nichts, selbst wenn es gut sichtbar eingebaut wurde – in den vom Produkt unberührten CO_2-Bereich.

Und wohin soll das Mannloch?

Ein Drucktank muss befahrbar sein! Wenn dies von oben über einen Domdeckel nicht möglich ist, dann muss es halt im Zargenbereich gehen. Aber gerade da kommen eben Produkt und Mannloch-Dichtung zusammen…

Bei Behältern für die Aufbewahrung von Lebensmitteln – hier KZE-Puffertank, gilt die Regel:

„Im Produkt-Bereich so wenige Einbauten wie möglich, jedoch so viele wie nötig.“

Unter diese Regel fallen:
- Aseptischer Probierhahn
- Temperatur-Fühler Pt100
- Niveau-Sonde für Leermeldung
- Niveau-Sonde für Alarm-Vollmeldung – im Normalfall nicht Produkt berührt
- Niveau-Sonde für Sicherheits-Abschaltung – im Normalfall nicht Produkt berührt

Unbedingt notwendig ist eine kontinuierliche Niveau-Messung (Inhaltsmessung), um bei den festgelegten Füllständen bzw. Teilvolumina die entsprechenden Steuerungsvorgänge auszulösen. Bewährte Messsysteme sind solche mit Differenzdruckaufnehmern, – eine Druckregelung für den Gasdruck braucht es ohnehin. Aber auch Radar-Sonden oder Wiegesysteme haben sich dafür bewährt. Beide Systeme sind nicht Produkt berührt. Hier kommt der Druckaufnehmer für die Gasdruckregelung noch extra dazu. Alle Einbauten müssen nach der Reinigung absolut sauber sein! Das Design der Anschluss-Adapter an den Tank ist nach dieser Maßgabe zu bestimmen.

Der Sprühkopf ist für das Abspritzen von Produktanhaftungen mit Wasser und für den Schwall mit Reinigungslösungen an die Tankwandung und über die Einbauten bestens geeignet. Er ist Verschleiß frei und er reinigt sich gewissermaßen selbst. Trotzdem sollte er im Normalfall nicht ins Produkt eintauchen. Der Sprühkopf ist Teil der Tanktop-Reinigungsarmatur, die neben dem Reinigungsanschluss noch einen gemeinsamen Anschluss für die Be- und Entgasung hat
(siehe **Skizze XV.1**).

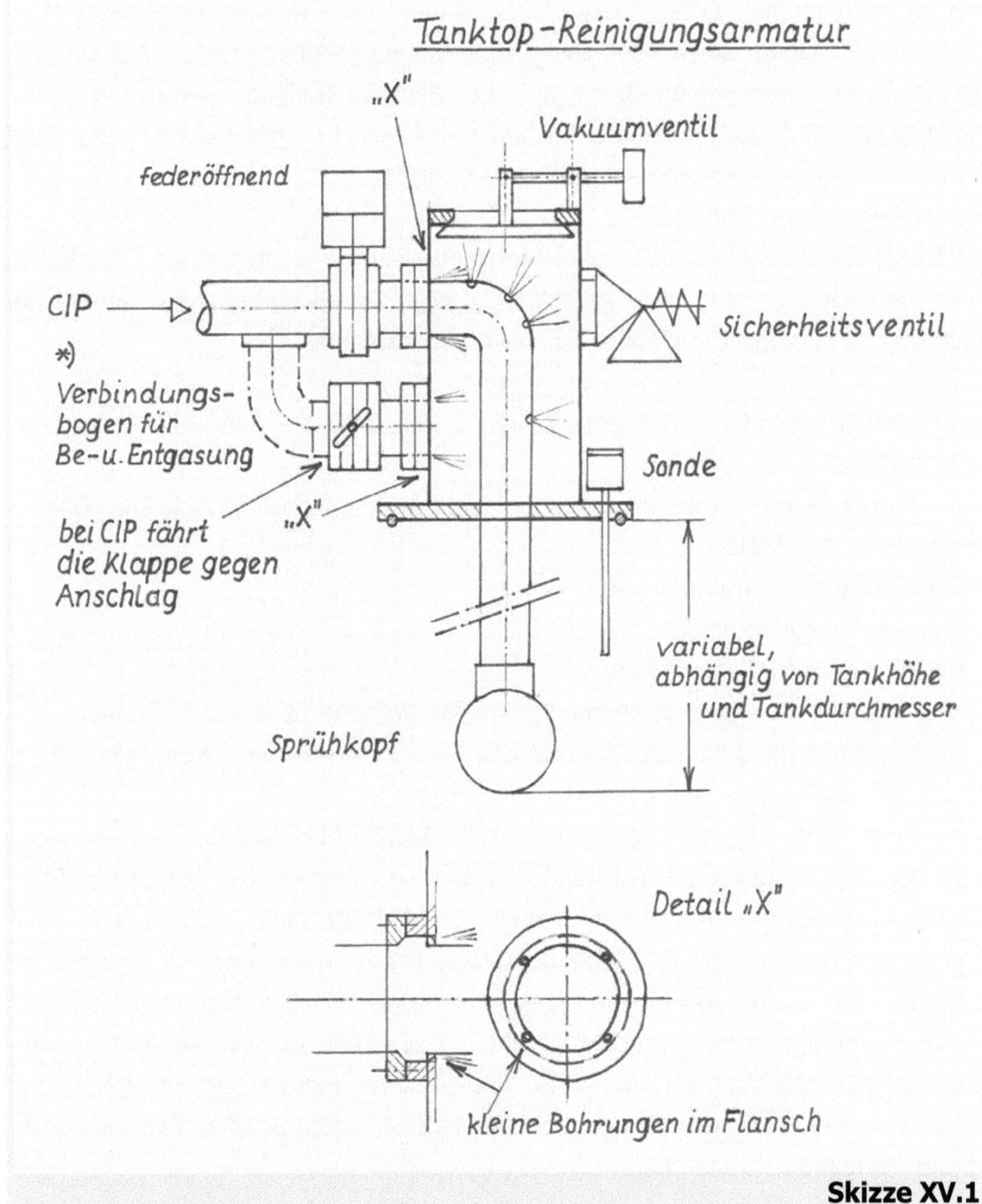

Skizze XV.1

Falls der Tank ausnahmsweise unbedingt sterilisiert werden muss, entweder mit Heißwasser oder Dampf von 110°C, dann muss eine extra Druckgasversorgung vorgesehen werden. Dafür hat die Tanktop-Reinigungsarmatur extra einen Anschluss. In diesem besonderen Fall entfällt der *) Verbindungsbogen. Sonst sind alle Einbauten im Gehäuse der Tanktop-Reinigungs-Armatur bei der intensiven Innenreinigung zwangsweise dabei.

Für den Produktfluss sind 2 Anschlüsse im Produktbereich des Puffertanks erforderlich. Die Idee, mit nur einem gemeinsamen Produktanschluss für Ein- *und* Auslauf auszukommen, ist abwegig. Bei einem alleinigen Puffertank-Anschluss, der sowohl Einlauf, als auch Auslauf ist, wäre die KZE hydraulisch direkt an den Füller gekoppelt. Das Füllerverhalten hätte somit unmittelbare Auswirkungen auf die KZE. Das dem Füller eigene dynamische Verhalten kann aber keine KZE verarbeiten (beachte Temperatur-Regelung). Also wäre der Puffertank als Ausgleicher, insbesondere als hydraulische Schleuse zwischen KZE und Füller damit widersinnig. Allein schon die Bezeichnung „Puffertank" wäre dann falsch...
Indessen muss ein Puffertank drei Bedingungen erfüllen:
- Ungleichmäßigen Durchfluss ausgleichen,
- ständig gleichmäßigen Druck einhalten,
- eine bestimmte Mindestmenge puffern.
Diese drei Bedingungen sind mit einem gemeinsam benutzten Tankstutzen für Ein- und Auslauf nicht einzuhalten. Am besten lässt es sich an einem Puffertank verdeutlichen, der gerade voll wird (siehe Skizzen **XV.2-1** und **XV.2-2**).

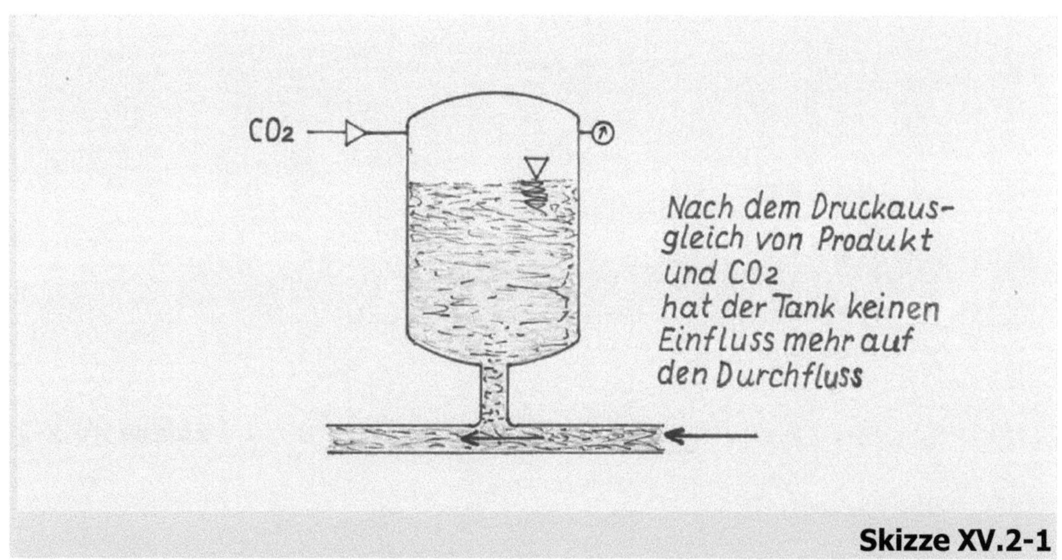

Skizze XV.2-1

97

Wenn dieser Puffertank – *mit dem einen gemeinsam benutzten Tankstutzen für Ein- und Auslauf* – voll ist, dann geht nichts mehr rein, aber es kommt natürlich auch nichts raus, wo doch gerade nur was reingegangen ist. Die im Tank befindliche Menge bleibt so lange drin, bis die KZE nichts mehr bringt. So ein Tank ist zwar ein Drucktank, aber kein Puffertank.

In **Skizze XV.2-2** erkennt man den „Behälter 2" als „falschen Puffertank". Auch hier wird erkennbar, dass ein Tank mit nur einem *gemeinsam benutzten Tankstutzen für Ein- und Auslauf* kein echter Puffertank ist.
Es kommt nichts aus dem „Behälter 2" heraus, – es läuft nur was rein…

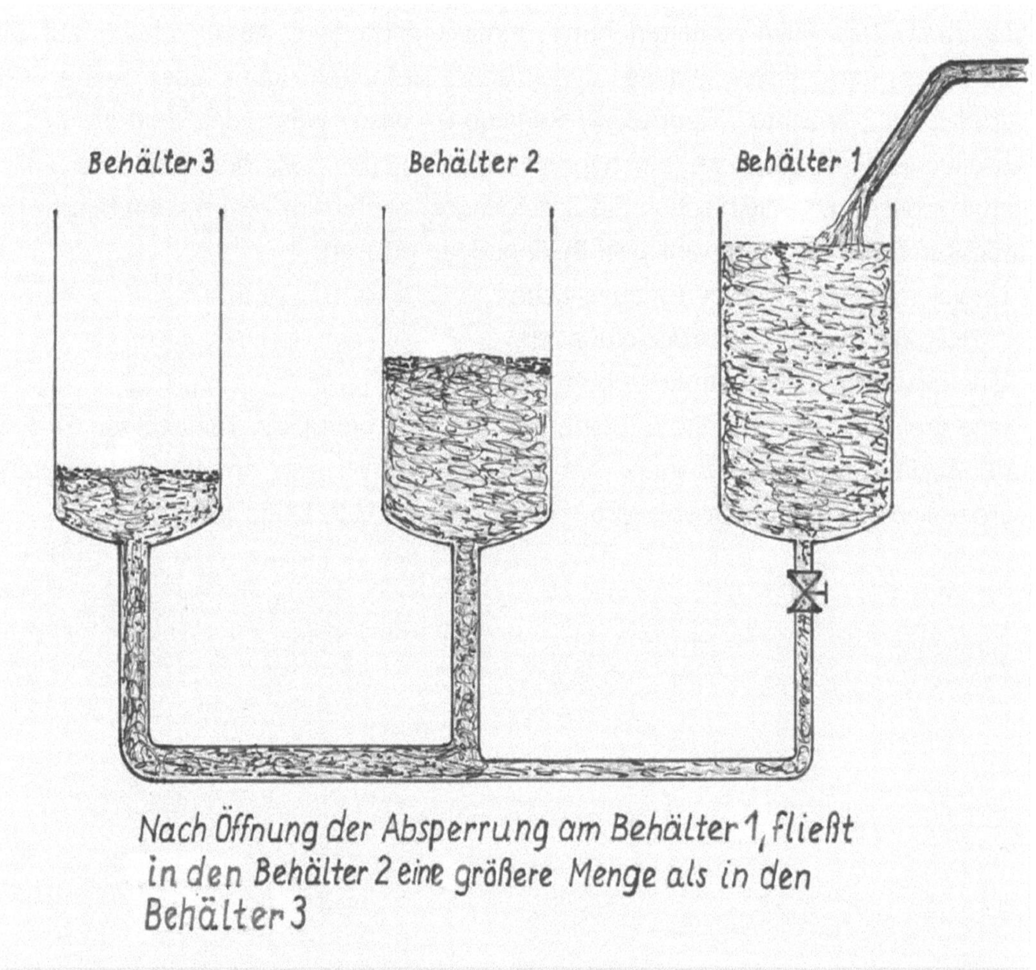

Skizze XV.2-2

Ein Puffertank braucht einen extra Einlauf *und* einen extra Auslauf
(siehe **Skizze XV.3**).

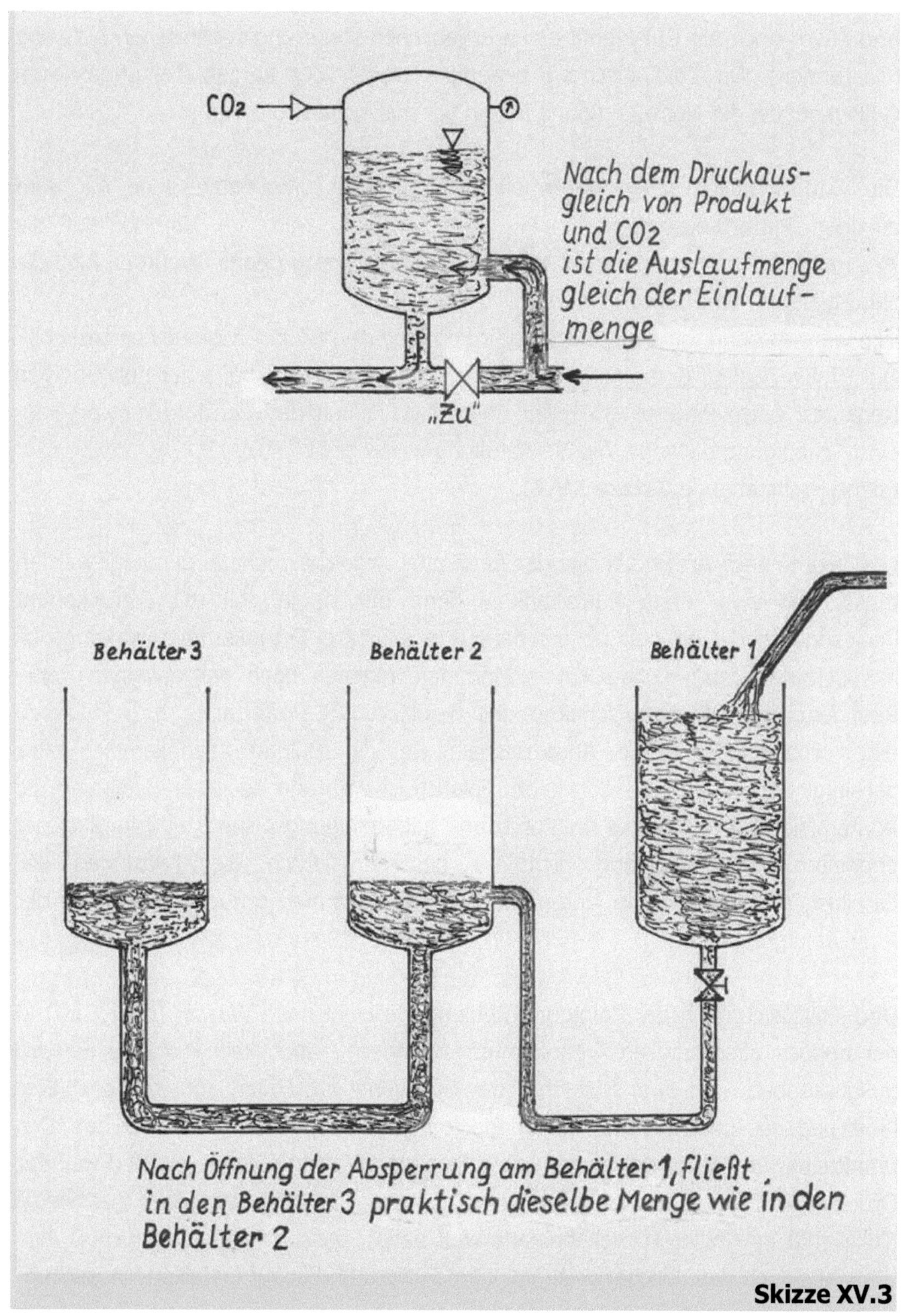

Skizze XV.3

Aber, wie wird dieser Puffertank mit extra Einlauf und extra Auslauf gereinigt? Selbstverständlich online, mit einem kombinierten Tank-Rohr-CIP-Programm. Indessen erfordern die Ventile am Ein- und Auslauf, dazu ein Ventil dazwischen und davor noch ein Gullyventil einen erheblichen steuerungstechnischen Aufwand (Taktungen). Die (biologischen) Bedenken wegen der kurzen Taktungen vom Gullyventil bei der Heiß-Reinigung lassen wir mal außen vor.

Die wahrscheinlich schon mehrmals in Brauereien umgesetzte Idee mit dem einzigen Puffertankstutzen für Ein- und Auslauf, wäre im Hinblick auf die *Reinigung* des Puffertanks trotz aller Einwände geradezu genial. Wenn da bloß die Naturgesetze nicht dagegen wären…
Wie wäre es denn mit einer extra dafür konstruierten PT-Ein-Auslauf-Kombination?
<u>Die PT-Ein-Auslauf-Kombination</u> verschließt den Puffertank bei einer notwendigen Reparatur beispielsweise am Füller und schützt somit das Getränk/Bier vor einer evtl. Schädigung so lange, bis die Abfüllung weiter geht
(siehe nachstehende **Skizze XV.4**).

Und weil je nach Art und Weise der Reparatur vielleicht nochmal gereinigt werden muss, und zwar ohne Puffertank – denn der ist ja voll mit Bier, kommt insbesondere die doppelt absperrbare und spülbare Trennkammer wirkungsvoll zur Geltung. Deren konstruktiven Merkmale machen nach der etwaigen Rohr-Reinigung das Wiederaufschalten des befüllten KZE-Puffertanks zum Füller zu einer problemlosen Sache. Auch deshalb, weil die spülbare Trennkammer extra gereinigt und entleert werden kann. Folglich ist während der Rohr-Reinigung die Kontaminierung des Bieres im Puffertank mit Reinigungslösung, aufgrund dieser doppelten Tankabsperrung nicht zu besorgen. Auch die Taktungen der Ein/Auslauf-Klappenventile unten an der Trennkammer braucht's während der Rohr-Reinigung nicht…

Und sollte sich nach der Reinigung/Spülung vielleicht noch Wasser (oder Desi) in der doppelt absperrbaren Trennkammer befinden – auch kein Problem. Es wird ausgeschoben, und zwar nun über das Gullyventil am Füller, sobald wieder Bier läuft und das untere Ventil der „doppelten Tankabsperrung" geöffnet hat. Das unmittelbar am Puffertank angebaute, obere Ventil bleibt solange zu. Und weil der Druck im Puffertank deutlich höher ist als der Druck in der Leitung zum *geöffneten* Gullyventil am Füller (Druck beinahe Null barÜ), passiert dem Bier nichts. Also braucht's auch das üblicherweise vor dem Puffertank-Einlauf installierte Ausschub-Gullyventil nicht mehr.

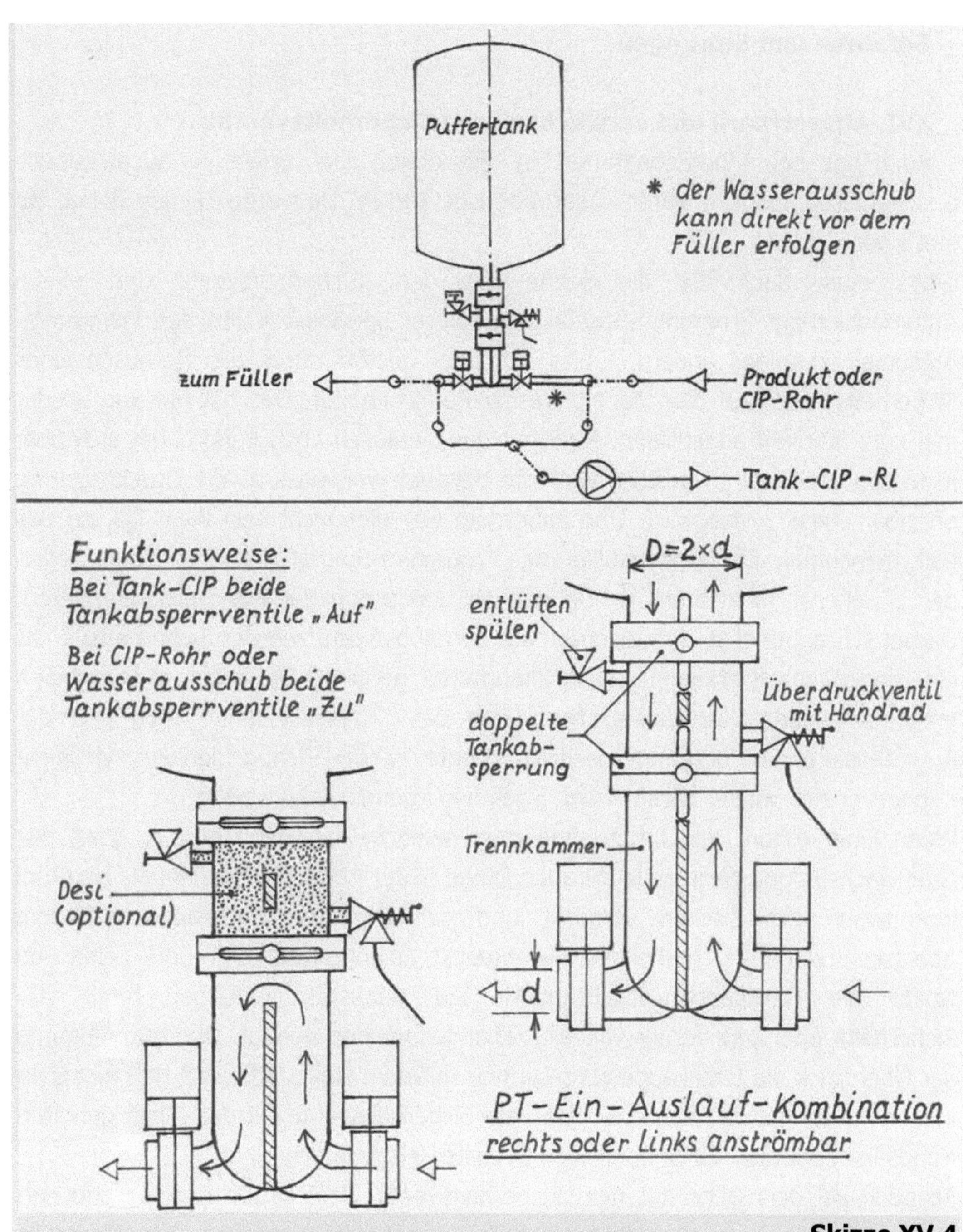

<u>Fazit:</u>

Die PT-Ein-Auslauf-Kombination bewahrt die Reinheit der Biere oder anderer Getränke im KZE-Puffertank, und zwar bei Reparaturen an der KZE oder am Leitungsweg zum Füller, aber auch bei der evtl. nachfolgenden Rohr-Reinigung. Die Tanktop-Reinigungsarmatur gewährleistet die Sauberkeit aller Einbauten im Puffertank, auch im CO_2-Raum.

Gefahren und Störungen

XVI. Absperrbare und verwechselbare Sicherheitsventile

Rudi hat bei Inbetriebnahmen in Brauereien viel erlebt – auch kuriose Geschehnisse. Manche waren sogar lebensgefährlich. Da waren Sachen dabei, die gibt's gar nicht…

Gibt's eben doch! So die Sache mit dem Sicherheitsventil und einem Automatisierungs-Programm-Spezialisten. Dieser Spezialist wollte den Programm-Ablauf einer Anlage ändern, fühlte sich aber gestört durch das Geräusch eines Sicherheitsventils auf dem nahen Wasser-Pufferbehälter. Das hat hin und wieder mal kurz Sterilluft abgeblasen. Rudi hat das Geräusch auch gehört, hat sich aber nicht sonderlich daran gestört, weil ihm bewusst war, dass da die Druckregelung offenbar etwas zu träge ist. Und außerdem war dies nicht sein Bier. Tja, so ist's halt manchmal. Der Automatisierungs-Programm-Spezialist konnte aber wegen des „Zischens" nicht mehr richtig denken und schon gar nicht programmieren. Darum schraubte er doch tatsächlich auf den Abblasestutzen des Sicherheitsventils eine sogenannte Deckkappe, auch Blindmutter genannt. Die liegen in Brauereien meistens in der Desi-Wanne. Nun blieb das Sicherheitsventil ruhig und der Automatisierungs-Programm-Spezialist konnte wieder richtig denken. Vielleicht erinnert er sich wieder daran, wenn irgendwo irgendwas kurz zischt…

Wenn Einer schon viele Inbetriebnahmen gemacht hat, dann hört er quasi das Gras wachsen und sieht vielleicht auch Dinge hinter irgendwas. Jedenfalls hat Rudi irgendwann das Zischen vermisst und daraufhin die Deckkappe auf dem Abblasestutzen des Sicherheitsventils entdeckt. Er holte rasch eine Bock-Leiter und wollte die Deckkappe abschrauben. „Ja denkste!" Offenbar hatte das Sicherheitsventil kurz vorher wieder mal angesprochen gehabt. Und nun klemmte der Überdruck die Deckkappe fest. Da war mit dem Hakenschlüssel halt nichts zu machen. Rudi hat den Abblasestutzen am Sicherheitsventil mit der eiligst geholten Handsäge abgesägt. Es ist aber auch höchste Zeit gewesen…

So auch bei der Sache mit dem Sicherheitsventil, dem Druckminderer und den Monteuren. Im Hefekeller sind neue Tanks aufgestellt worden. Die Monteure haben neue Rohrleitungen und Armaturen installiert und sollten auch die Sicherheitsventile auf den neuen Tanks anschrauben. Die Tanks waren für einen zulässigen Betriebsüberdruck von 2,5 barÜ gebaut worden. Deswegen wurde in die Sterilluftleitung ein Druckminderer eingebaut, und zwar für einen Hinterdruck von 1 bis 4 barÜ. Und auf der Hinterdruckseite des Druckminderers wurde ein Sicherheitsventil mit 5,0 barÜ Ansprechdruck „vorgesehen". Aber warum 5,0 barÜ, wenn die Tanks doch nur mit 2,5 barÜ betrieben werden?

Weil dieses Sicherheitsventil eben gemäß der Empfehlung des Druckminderer-Herstellers ausgelegt und bestellt wurde. Darin heißt es:

Absicherung ihres Systems

Bauen Sie ein Sicherheitsventil ein, damit der maximal zulässige Betriebsdruck des Ventils (normal 1,5 x max. Einstelldruck) nicht überschritten wird. Der Ansprechdruck des Sicherheitsventils sollte ca. 40 % über dem maxi. Einstelldruck des Druckminderventils liegen, damit ein Abblasen bei geringen Druckschwankungen vermieden wird. Beispiel: bei Einstellbereich 2 – 5 bar Ansprechdruck 1,4 x 5 = 7 bar.

Gemäß dieser Empfehlung hat der Projekt-Ingenieur den Ansprechdruck für dieses Sicherheitsventil berechnet, also 1,4 · 4 = 5,6 bar und dann nur 5,0 barÜ gewählt. War die Wahl jetzt richtig oder falsch?

Hm…

Warum soll man eine Rohrleitung und die darin eingebauten Komponenten mit dem 1,4-fachen Hinterdruck des Druckminderers absichern, wo doch die Rohrleitung und die Komponenten normalerweise einen noch höheren Druck aushalten? Die nachfolgend daran angeschlossenen Anlagen müssen entsprechend ihres Betriebsdrucks sowieso eigens abgesichert sein. Wahrscheinlich hat der Projekt-Ingenieur aber auch an den Druck vor dem Druckminderer gedacht und daran, dass auch mal ein Fremdkörper in den Druckminderer hineinkommen kann, was zu seinem Versagen führt. Gut gedacht! Und doppelt genäht hält eben auch besser – manchmal…

Aber vielleicht wäre es deswegen sogar besser gewesen, er hätte ein *Sicherheitsventil mit dem Ansprechdruck entsprechend Tank-Prüfdruck gewählt*. Ja, vielleicht?! Und dann kommt es auf der Baustelle oft noch ganz anders, als es sich Projekt-Ingenieure ausgedacht haben. Jedenfalls haben die Monteure dieses Sicherheitsventil gar nicht in die Sterilluftleitung eingebaut. Und deshalb blieb dieses „unberührte" Sicherheitsventil bei den anderen Sicherheitsventilen liegen. Alle hatten dieselbe Nennweite und sahen vollkommen gleich aus. Auch das Sicherheitsventil auf dem bereits vorhandenen, bleibenden Tank sah genauso aus. Da konnten die Monteure auf keinen Fall was falsch machen – nicht wahr. Und so kam das Sicherheitsventil mit dem 5,0 barÜ Ansprechdruck zum neuen Hefetank mit Betriebsüberdruck 2,5 barÜ…

Aber Sicherheitsventile haben doch alle ein TÜV-Bauteilkennzeichen, und das ist sogar in den Ventilkörper eingraviert. Und dieses TÜV-Bauteilkennzeichen weist doch den Ansprechdruck aus. Ja, das stimmt, und die vielen Buchstaben und Zahlen sind tatsächlich ca. 2,5 mm groß in den runden Ventilkörper eingraviert.

Nun sind manche (Rohrleitungs-) Monteure aber nicht unbedingt bewandert im entschlüsseln von TÜV-Bauteilkennzeichen, schon gar nicht ohne Lupe. Irgendein Monteur hat dann die Sterilluft an den neuen Tank mit dem „falschen" Sicherheitsventil angekoppelt und hineingelassen. Den Druckminderer hatte dieser Monteur oder vielleicht auch ein anderer schon davor ganz aufgedreht – auf Hinterdruck 4,0 barÜ. Und irgendwann hat dann das Mannloch des neuen Tanks zu pfeifen begonnen. Zum Glück war das Mannloch nicht ganz dicht festgeklemmt worden. Und zum Glück erzeugt der Luftdruck zusammen mit dem undichten Mannloch einen Pfeifton. So hat das Mannloch schon eine ganze Weile gepfiffen, bis es dann auch Rudi endlich hörte. Da stand der Zeiger des Manometers vom besagten neuen Tank bereits auf 3,7 barÜ! Lange hätte es nicht mehr dauern dürfen. Rudi hat die Sterilluft zum Tank abgesperrt, den Überdruck raus gelassen und danach den Druckminderer auf 2,4 barÜ eingestellt. Sonst machte er kein großes Tamtam, nur dem Monteur-Kapo hat er Bescheid gesagt. Das Sicherheitsventil wurde dann sofort ausgewechselt und auch in die Sterilluft-Leitung eingebaut...

Aber, nicht immer geht es so gut aus. Und eigentlich darf in solch brisantem Fall – bezüglich Sicherheit – nicht einfach zur Tagesordnung übergegangen werden. Rudi hat sich überlegt, wie man diese Probleme lösen könnte, auch bei bereits installierten Sicherheitsventilen. Für die in Brauereien gebräuchlichsten hat er einen Vorschlag skizziert. Es wäre doch eine Möglichkeit, Sicherheitsventile verschiedener Druckstufen mit unterschiedlichen Anschluss-Fittings auszurüsten bzw. nachzurüsten (siehe nachstehende Tabelle und **Skizze XVI.1**).

Das sollten sich die Konstrukteure überlegen – dringend! Nicht dass weiterhin Sicherheitsventile verwechselt oder ohne Werkzeuge verschlossen werden können.

Sicherheitsventil	Ansprechdruck barÜ				
	1.0	**2,0**	**3,0**	**4,0**	**5,0**
	Nennweite DN25				
Clamp Eingangsstutzen DN	25	32	40	50	65
Clamp Ausblasstutzen DN	32	40	50	65	80
	Nennweite DN 40				
Clamp Eingangsstutzen DN	40	50	65	80	100
Clamp Ausblasstutzen DN	50	65	80	100	125
	Nennweite DN 65				
Clamp Eingangsstutzen DN	65	80	100		
Clamp Ausblasstutzen DN	80	100	125		

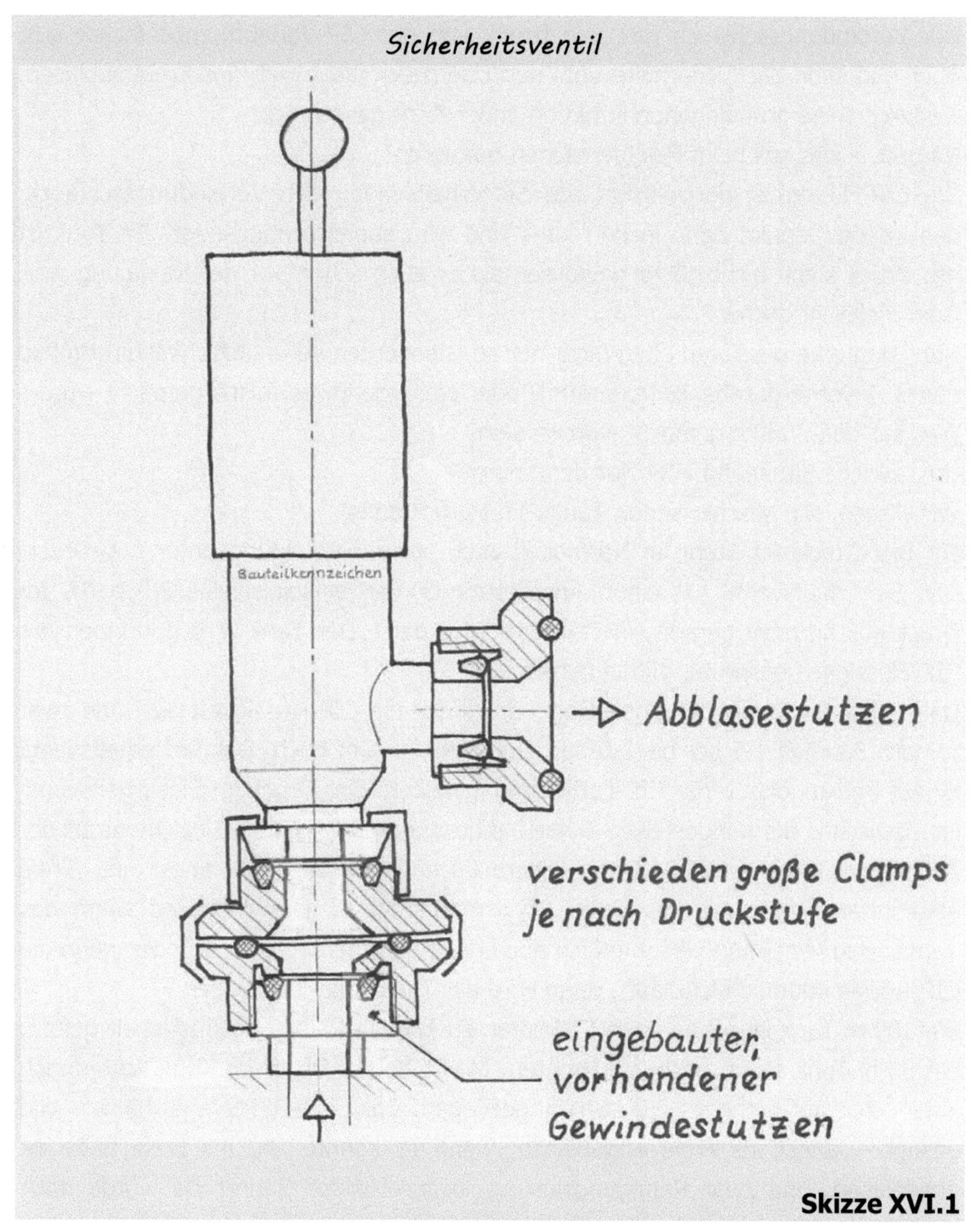

Skizze XVI.1

Sicherheitsventile müssen selbstverständlich gereinigt werden, vor allem innen, genauso wie alle sonst eingebauten Armaturen. Und falls das Sicherheitsventil in der CIP-Luftleitung des Tanks auf Bedienhöhe eingebaut ist – meist ist es so, dann werden Sicherheitsventil und Zwickel zur Reinigung mit einem Schlauch verbunden. Dadurch können beide Armaturen innen gereinigt und somit sauber werden. So wird's in vielen Brauereien gemacht...

Der Verbindungsschlauch hält den Druck von der CIP-Vorlaufpumpe locker aus. Aber nun kann das Sicherheitsventil den Überdruck nicht mehr ins Freie abblasen, wodurch seine grundlegende Funktion außer Kraft gesetzt ist.

Na und, – was soll beim Reinigen schon passieren?

Die CIP-Flüssigkeit durchströmt das Sicherheitsventil, den Verbindungsschlauch, den Zwickel, spritzt dann in den Tank und wird sogleich abgesaugt. Im Tank ist der Druck somit nicht höher geworden als er auch schon vor der Reinigung war. Oder vielleicht doch?

Nun, Unglücke passieren eben nicht nur so, sie werden verursacht, weil im Umfeld etwas Unvorhergesehenes vorkommt, oder weil irgendwas falsch gemacht wurde. Was soll denn falsch gemacht worden sein?

Hm…welche Situation haben wir denn hier?

Wir wissen, alle geschlossenen Tanks sind Drucktanks!

Ein Bier-Drucktank steht im Normalfall auch bei der Reinigung unter CO_2-Druck. Das Sicherheitsventil hat einen Ansprechdruck von beispielsweise 2,0 barÜ. Im Drucktank herrscht gerade ein Druck von 1,8 barÜ. Der Tank wird nun innen mit CIP-Flüssigkeit besprüht, mithin befüllt…

Dabei übt der Sprühkopf einen Gegendruck auf die CIP-Flüssigkeit aus, und zwar je nach Fabrikat 1,5 bar bis 2,0 bar. Der Tank ist 4 m hoch. Das Sicherheitsventil ist auf Bedienhöhe in der CIP-Luftleitung installiert. Der Druck im Sicherheitsventil ist inzwischen auf mindestens 3,6 barÜ angestiegen. Das sind 1,6 bar mehr als der Ansprechdruck! – Hallo! Das Sicherheitsventil hätte also längst ins Freie abgeblasen, wenn man es ließe. Aber man lässt es ja nicht! Und wenn das Tankauslaufventil nun versehentlich noch nicht geöffnet worden ist, oder wenn die CIP-Rücklaufpumpe nicht läuft, dann wird der Tank voller und voller…

Ein 100 hl Tank ist schon nach 5 Minuten zu 1/7 mit Reinigungsflüssigkeit gefüllt, ein 50 hl Tank schon nach 2,5 Minuten. Mithin ist der Druck im Tank schon nach kurzer Zeit auf mehr als 2,0 barÜ angestiegen. Das Sicherheitsventil hätte – wie gesagt – längst ins Freie abgeblasen, wenn es könnte. Ja, ins Freie hätte es abgeblasen, und zwar Reinigungslösung, beispielsweise Säure! Da würde doch tatsächlich Säure durch den Drucktankkeller spritzen. Hallo! So allmählich dämmert es einem, warum das Sicherheitsventil mittels Schlauch am Zwickel angeschlossen wird. Nur deshalb, weil das Sicherheitsventil in die CIP-Luftleitung eingebaut wurde, wird es bei der Reinigung Säure verspritzen. Also kann man die Tanks nicht reinigen – jedenfalls nicht so!

Da hatte Einer die geniale Lösung für das Problem:

„Den Überdruck durch einen Schlauch zwischen Sicherheitsventil und Zwickel in den Tank hineinführen!" – Ha!

Somit steht der Tank geschlossen und ohne Sicherheit da und wartet – vielleicht auf ein Geräusch…

Wie schon gesagt, der Verbindungsschlauch hält den Druck der CIP-Vorlaufpumpe locker aus. Doch der ist wesentlich höher als der Tank-Betriebsdruck, sogar höher als sein Prüfdruck. „Also, Finger weg vom Abblasestutzen des Sicherheitsventils!"

Das Sicherheitsventil gehört oben in den Drucktank eingebaut! Somit muss es nur den im Tank herrschenden Betriebsdruck aushalten. Und erst wenn der Druck über den Betriebsdruck ansteigt, muss es öffnen und den gefährlichen Druck über dem Betriebsdruck raus lassen – im Normalfall CO_2. So gehört sich das. Bei der Reinigung kann das Sicherheitsventil zwischendurch angeliftet werden, und zwar pneumatisch. „Jedoch besser nur dann, wenn der Tank ohne CO_2-Druck ist!" Etwaige Spritzer können durch ein Abblaserohr in ein etwas größeres Ablauf-Rohr „offen" eingeleitet werden. Allerdings ist darauf zu achten, dass dieses Abblaserohr höchstens 1,0 m lang ist.

Aber warum sollte man das Sicherheitsventil extra *pneumatisch* anliften?

Weil es dadurch auch innen gereinigt wird und weil die Anliftung ausschließlich an die Reinigung gekoppelt werden kann, und zwar durch das Reinigungsprogramm. Damit wird das Sicherheitsventil nach der Reinigung wieder in seine Ruhestellung gesetzt. Da kann man ruhig sein. Nicht so bei händisch betätigter Anliftung, denn da bleibt die „Auf-Stellung" erhalten, falls nicht mehr daran gedacht wird…

Und der Zwickel?

Der wird bei der Reinigung nun mit dem „berüchtigten" Schlauch an ein extra in die CIP-Luftleitung eingebautes kleines Ventil angeschlossen. Auch an diese Schlauchverbindung muss immer gedacht werden. Aber nicht nur wegen der Reinigung, sondern vor allem dann, wenn Bier im Tank ist – hoffentlich nicht auch in der CIP-Luftleitung.

XVII. Die Luft verursacht Störungen

Manchmal funktioniert etwas nicht, aber auf einmal doch und dann wieder nicht. Man glaubt zunächst, dass defekte Sensoren schuld daran sind. Aber vielleicht stellen sie auch nur unpassende Zustände fest – vielleicht Luft statt Flüssigkeit? Ja, das könnte sogar stimmen! Wenn Messinstrumente quasi spinnen und daraufhin die Steuerung spinnt, dann ist meist Luft der Störfaktor. Und sehr oft ist die Rohrleitungsführung schuld. Doch da sind die Sensoren eben installiert, sozusagen zwangsweise.

Da gibt es zum Beispiel den Durchflussmengenmesser – eingebaut im waagrechten Rohr, das aber vor dem Sensor von unten nach oben und nach dem Sensor von oben nach unten verläuft. Dadurch bleibt sowohl in der waagrechten, hochliegenden Rohrleitung, als auch im Durchflussmengenmesser Luft eingesperrt. So kann der Durchflussmengenmesser keine verwertbaren Mengen feststellen (siehe **Skizze XVII.1**).

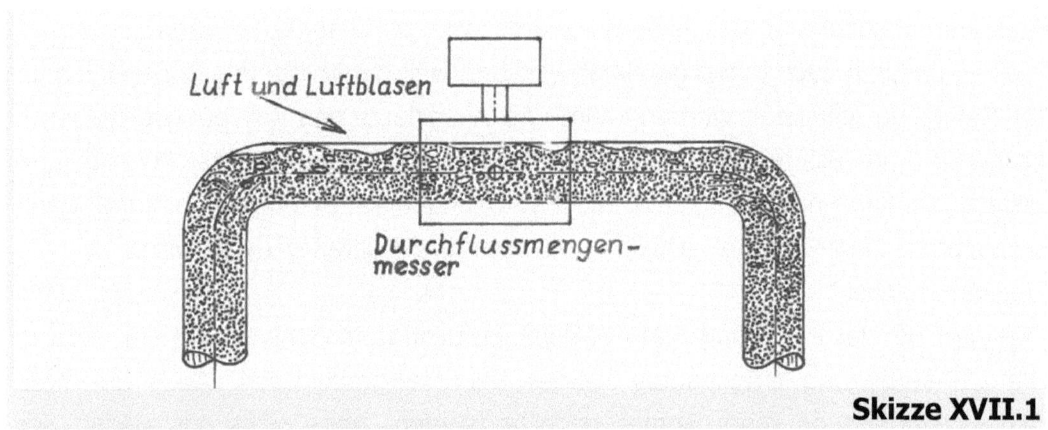

Skizze XVII.1

Aber manchmal kann eine Rohrleitung gar nicht anders verlegt werden. Ja, dann muss man für den Sensor eben eine andere Einbaustelle bestimmen. Für derlei Fälle hat der Sensor-Hersteller Einbau-Hinweise formuliert. Aber auch die werden manchmal eben nicht beachtet.

Und zwischendurch kann es sein, dass ein Strömungswächter in der CIP-Rücklaufleitung „Durchfluss" feststellt und daraufhin eine Ventilschaltung auslöst. Das ist wünschenswert, nur eben dann nicht, wenn noch gar nichts an ihm vorbeigeflossen ist außer Luft. Ja, die Luft wird von der nachflutenden CIP-Lösung sozusagen als Luftzug durch die Rohrleitung gedrückt und betätigt dabei den Strömungswächter. Zwar nicht immer, aber manchmal – je nach Geschwindigkeit und Zuglänge. Das gibt manchmal Ärger und manchmal mehr als nur Ärger...

Doch gegen derartigen Ärger hilft eine besondere Rohrleitungs-Unterführung mit Luftkanal (siehe **Skizze XVII.2**).

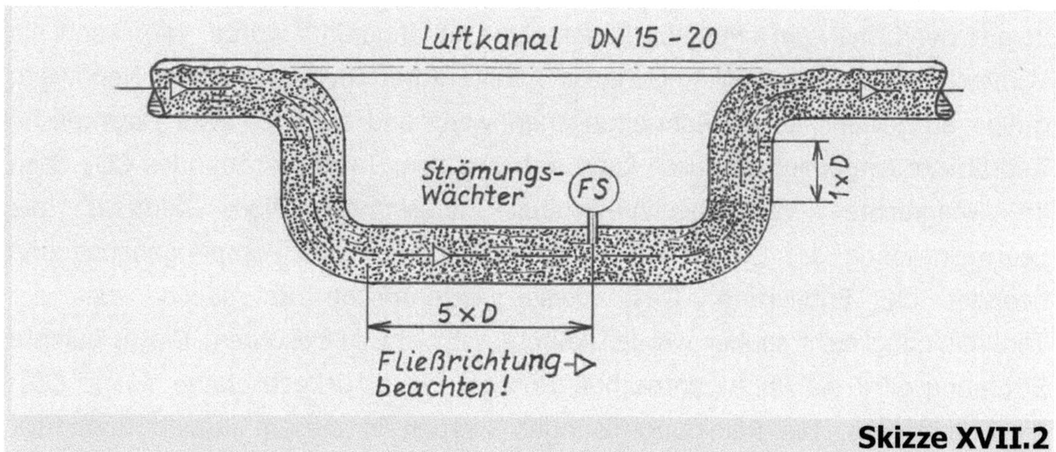

Skizze XVII.2

Auch für die Leitwertmessung ist dergleichen Rohrleitungs-Unterführung nützlich, insbesondere falls die Rohrleitung nach dem Sensor offen in den Gully endet. Da kann die Reinigungslösung aufschäumen. Und was soll die Leitwertsonde dann feststellen? Da hilft aber eine ordentliche Wassersäule über der Leitwertsonde, wodurch es gleich gar nicht zur Schaumbildung kommt (siehe **Skizze XVII.3**).

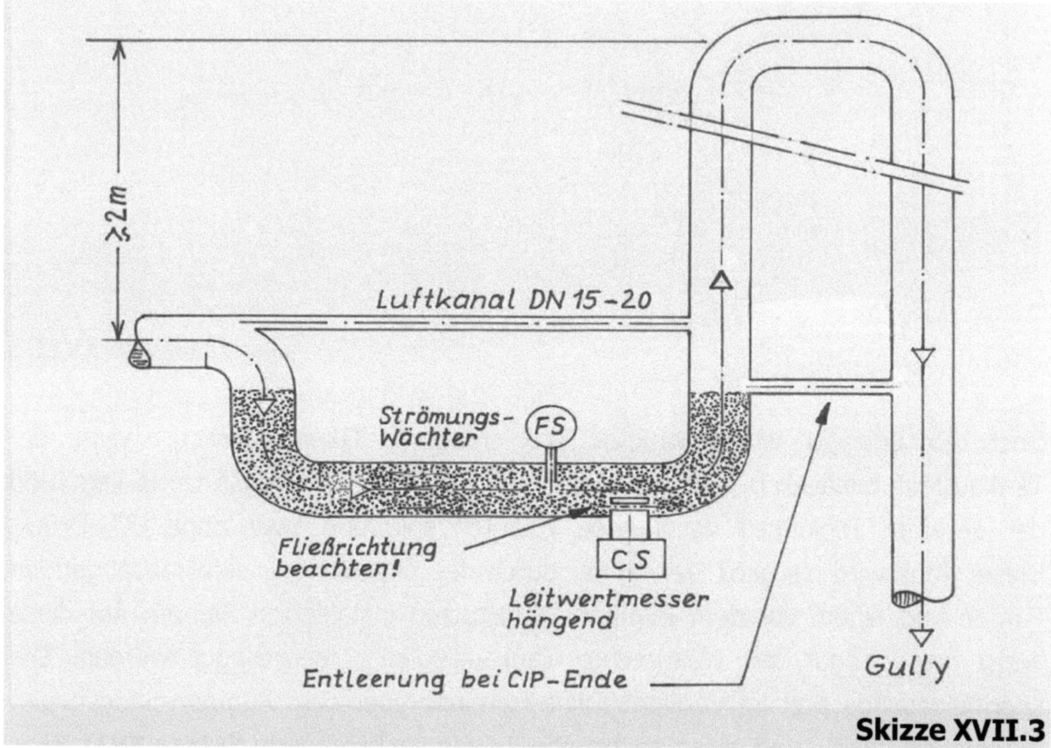

Skizze XVII.3

Manchmal kann eine Tank-Leermeldesonde den *Pumpen-Stopp* nicht auslösen, obschon der Tank gerade leer wird. Somit kommt CO_2 in die Pumpe. Und zwar deshalb, weil der waagrechte Tankauslauf, wo die Leermeldesonde eingebaut ist, in gleicher Höhe zum Pumpen-Saugstutzen herangeführt wurde. Hier kann ein Varivent-Gehäuse oder Inline-Gehäuse Abhilfe schaffen. Es wird eine Nennweite größer ausgewählt als die Rohrleitungsnennweite und zwischen zwei exzentrische Red-Stücke eingebaut. Dadurch kann sich aus dem Tank austretendes CO_2 oben im waagrechten Varivent/Inline-Gehäuse ansammeln. Nun „bemerkt" die Leermeldesonde das CO_2 schon vor dem Eindringen ins Pumpengehäuse und beendet die Entleerung. Dass dieses exzentrische Rohrgebilde bei der Tankreinigung nicht sauber werden könnte, ist nicht zu besorgen. Die turbulente Strömung wird die im exzentrischen Rohrgebilde zurückgebliebene *kleine* CO_2-Blase mitreißen. Die Reinigungslösungen werden in diesem kurzen Rohrstück keine Anhaftungen zurücklassen (siehe **Skizze XVII.4**).

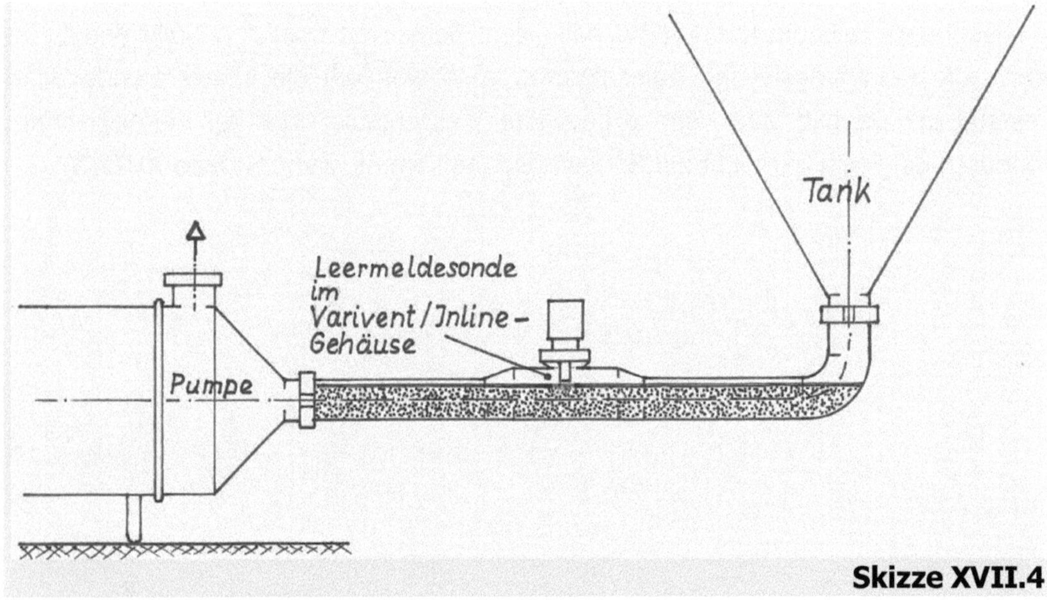

Skizze XVII.4

Doch ab und zu wird's wirklich problematisch. Dann nämlich, wenn der Tankauslauf tatsächlich komplett unterhalb des Pumpen-Saugstutzens liegt und der gesamte Tankinhalt der Pumpe zulaufen soll, und zwar ohne CO_2-Druck. Dieser Tank wird nie ganz leer, außer durch den Einsatz einer selbstansaugenden Pumpe und einem vor dem Pumpen-Saugstutzen installierten Siphon. Auf diese Weise kann sogar das waagrechte Tankauslaufrohr leergesaugt werden. Die Leermeldesonde sitzt im Varivent/Inline-Gehäuse über dem Pumpen-Saugstutzen und meldet „leer", und zwar rechtzeitig (siehe nachstehende **Skizze XVII.5)**.

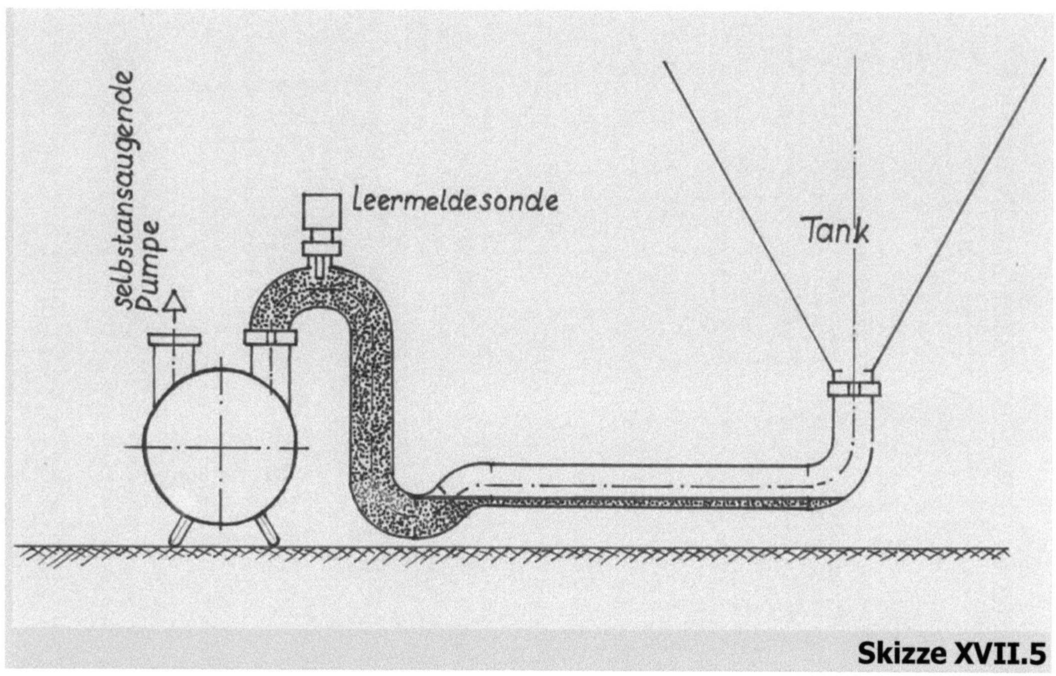

Skizze XVII.5

Derlei Anordnung eignet sich auch zur Entleerung von Drucktanks „unter CO_2-Druck" mit normalsaugenden Pumpen.

Tja, ein Siphon ist eben nicht nur im Abwasser-Rohr nützlich.

Nun ist's gut

und vielleicht helfen vorstehende Beschreibungen und Skizzen, wenn Überlegungen zur Technik angestellt und Entscheidungen über Investitionen getroffen werden (müssen). Vielleicht kommen die beschriebenen Ideen der einen oder andern entscheidenden Persönlichkeit auch nur spleenig vor. Doch vielleicht bringen gerade diese spleenigen Ideen dann auch eigene Lösungen zum Reifen!? Indes, nicht jede Idee passt für ein bestimmtes Vorhaben oder zu einer bestimmten Situation. Trotzdem steckt in jeder Idee etwas Brau-ch-bares, und eben dieses kann man sich ja zu Nutze machen. In diesem Sinne…

Und dann noch was zu Rudi:
Rudi selbst und seine Ideen sind Erfindungen des Verfassers. Sie fallen unter das Urheber-Recht (UrhG).
Verwendung und Umsetzung der vorstehend schriftlichen und bildlichen Darstellungen sind nur mit seinem schriftlichen Einverständnis zulässig.
Der Verfasser, September 2022
Gerhard Pahl
Klotzholzäcker 27
88400 Biberach
Gerhard-Robert.Pahl@t-online.de

G P V

ISBN: 978-3756-8335-04